日本の誇る酒

日本酒・本格焼酎・泡盛・地ビール・リキュール

稲垣 真美

三一書房

題字・板倉　華游

はじめに

気がついたら酒の本を出していた。何冊目かの酒の本の一冊『日本の名酒』（新潮社）の帯の文章を、かの『夕鶴』の劇作家・木下順二さんが書いて下さった。

「びっくりした。いや、びっくりを通りこして私は仰天する」

と木下さん。その文の最後に木下さんはもう一度仰天するか、納得するか、するのだが、それは後にして、まず木下さんの最初のびっくり仰天の理由。本郷の大学にいたころから木下さんは私を知っていてくれた。

「そのイナガキが小説を書いたり、戦時下の思想的抵抗を論じたり、文学賞や戯曲賞の候補になったり、それにはちっとも驚かなかったが……」

と木下さんは前置きしていた。

大学を出てから私はしばらく演劇の勉強をした。そのとき木下さんは演出家を一人紹介してくれた。演出家は『薔薇は生きてる』を書いて十四歳で死んだ山川彌千枝の兄貴だった。私にツヴァイクの戯曲の翻訳を頼んで、それを上演する前に彼もまた亡くなって、私はしばらく自棄酒を大学前の落第横丁であおっていた。

そのころ木下さんを訪ねて行ったら、お手伝いさんが熱い紅茶を出してくれた。口を付けようとすると、木下順二さんは「待て待て」と、スコッチのでかい瓶を持ち出し、口を開けると私の飲もうとした紅茶茶碗にガブリと注ぎ、なみなみとウイスキーの海にした。

「さあやり給え、いける口とにらんだ」

と木下さんは私に言った。通常紅茶にウイスキーかブランデーを垂らすのは一、二滴ぐらいが常識だったから、これは豪気だな、と私も平気を装って飲んだが、木下さんは酒の本の帯を書いたとき、このときのやりとりを覚えていたかどうか。彼は日常もとびきりの酒豪だったのである。

その木下順二さんが、なみなみとウイスキーを紅茶に注いでくれたのを平然と飲み干すぐらいの、私も飲兵衛になっていた。だからひとかどの酒飲みになったと聞いても、そのことで驚きはしなかったであろう。氏が驚いたのは私が「酒の本」を書くに到った、そのことについてだったと思う。

実は、一九五二年のある日、京都の旧制中学の先輩である竹村一氏が代表者だった三一書房(今回この本を出す版元)を訪ねたら、何となく酒の本を書いてみたら、ということになった。理由はその数年前、やはり同じ中学の同窓であった一人の伏見の「招徳」の木村善美蔵元が、大手の酒メーカーのアルコール添加・糖類添加ジャブジャブの三倍増醸酒がまかり通っているのに対して、昔ながらに純粋に米と米麹だけで造る純米酒の研究会をやっている、飲んだ上でいいと思ったら、あんたは物書きだから純米酒のことを褒めてくれよ、と言った。そこで純米酒を飲んでみると、なるほどこれは当時大量に出回っていた増醸酒と一味も二味もちがう。以後機会あるごとに純米酒や地酒のよさを紹介するようになった。またそのことから酒やビールの審査員に加わって酒類を品評する機会も増えた。

そういう折も折、三一書房で酒の本を書くことをすすめられた。それが『ほんものの日本酒選び』（一九七八年）であったが、「越乃寒梅」（新潟）を東の横綱として、三倍増醸や桶買いなど戦後酒造界の諸悪を叩いたこの本は、思いがけなく十万部を越えるベストセラーとなった。酒類関係の本としては破天荒のことであった。

以後、酒やビールや本格焼酎の本も書き継いだ。木下さんが想定外として驚かれたのは、このような経緯をご存じなかったからであろう。

が、木下さんはもう一言〝びっくり〟を加えられた。そこに紹介されている名酒を飲んでみると、一つの例外もなしに美酒であったこと、その記述は極めて科学的でもあることに驚かれ、げに持つべきはかかる知友であるとしめくくって下さった——。

実に感激だったが、紹介した名酒の数々には、たしかにすべて裏打ちがあった。北海道から沖縄まで日本の隅々までこれはと思う酒蔵は訪ねつくしたし、全国規模の酒類コンテストの審査員も務めていたから、毎年千五百を越える各種の日本酒や本格焼酎のテイスティングをしていた。他の名負うての審査員たちと夜通し論議を重ね、三人で一斗（一人三升以上）もの酒を飲み尽くしたこともあった。ワインの武者修行もしようと、フランスのボルドーやブルゴーニュはもとより、ローヌ川流域、プロヴァンス、イタリアのトスカーナやシエナ、スペインのカタルーニャやバルセロナ周辺、さらにはドイツのラインからユーゴ、チェコ、ブルガリア、ルーマニア等を含めて、無数の村落のワイナリーや教会や旧王室の貯蔵庫まで含めて、毎年三、四回はヨーロッパのワイン産地を回って、勉強もした。最後はボルドー大学や、アメリカのワイン産地ソーマに近いカリフォルニアのデーヴィス校の醸造学部で、教授たちの教導も受けた。

もともと私は大学の美学科の出身である。大学院まで行ったから、芸術作品の批評、美や美意識のありようについては、科学的哲学的根拠もふまえて、一通りの規範をわきまえているつもりだ。酒もまた芸術作品だと認識すると、鑑評への道も自ずから開ける。酒も美や芸術に通じるのである。杜氏という人間を通じて創られる作品である。このことを否定して単に機器でつくられる酒は、仏造って魂入れずの言葉のとおりで、単に〝製品〟であって鑑評には価しない。世にすぐれた酒のことを「美酒」と昔から言っているではないか。美酒は人間が造って「美酒」なのである。

幸い私は、古くは『特選街』誌の全国酒コンテストの審査員を勤め、一九九四年以後は全国酒類コンクールを主催して、北海道から沖縄まで、毎年春秋もつとにすぐれた日本酒・本格焼酎・泡盛・地ビール、リキュール、ワイン等を、選出、顕彰する仕事をつづけてきた。その間、酒蔵の数でいえば五十年前には三千数百もあったのが、現在（平成も三〇年で終わりを告げるが）実働一千前後に減っている。決して数量的には隆盛に向かっているとはいえないが、質的には、日本酒も本格焼酎も泡盛（とくに古酒など）も格段に進んだ名品が生み出されている。史上これほどすぐれた名品、美酒が身近に飲める日はなかった、とさえ思われる。新製品相次ぐリキュールなども、果実そのものの開発栽培に伴って、美味の限りを尽くしている。

ただ、一般の消費者の方々は、デパート、専門酒店、スーパー、コンビニ等に、それぞれのコマーシャル上の都合によって並べられる商品から選びとるほかなく、すぐれた名品が揃っているとは限らないのである。

そこでここに新たな酒の本を編み、『日本の誇る酒』と銘打ち、世界的にもっとも鑑評が厳しいとされる全国酒類コンクールの、日本酒の本醸造、純米酒、純米吟醸・純米大吟醸、普通吟醸・大吟醸、古酒、本格焼酎の米焼酎、麦焼酎、芋焼酎、黒糖その他焼酎、泡盛、地ビール、リキュール等の各部門で、二〇一八年春季までの毎年春秋に行われた酒類コンクールで首位を競い、審査員特別賞なども得た名品を選りすぐってご紹介し、それぞれの酒蔵や、水、米等の原料のよさ、造る杜氏のすぐれた技能、人間性等にもふれつつ、何よりも求めれば得られる美酒の数々をできるだけ多くの方々に知っていただくため、刊行することにした。

本文には紹介しなかったが山口県周南市の「はつもみぢ」の若い社長杜氏の原田康宏さんなど、百九十三年脈々と受け継いできた先祖代々の使命感にもえて、日本酒再興隆を果たすのだと、酒造りに勇往邁進。コンクールでもたちまち第一位となった。

こうした意気にも応えてこれぞ日本のすぐれた日本酒、本格焼酎、泡盛、地ビール、リキュールですと、世界にも誇れる名品を、多くの読者の方々にぜひ知っていただけたらと願い、『日本の誇る酒』と銘打ったのである。

刊行にあたり、改めての取材、データの提供にご協力いただいた蔵元各位、長らくコンクールの審査員、スタッフとして酒類振興会の国内外での活動を支えてくださった同志、諸兄姉、そして今回も出版事情厳しい中、格別のお計らいを頂いた三一書房の小番伊佐夫、高秀美両氏に厚くお礼を申し上げたい。

二〇一八年三月三日

稲垣真美

目次

はじめに／3
第一章――いい酒とは……………………………………………………13
一　超いい水を発見／14
　　―ぶなのしずく―
二　「君の名は」、カムイカンデ、飛騨の酒／23
三　本格焼酎の次のブームは？／30
　　―球磨焼酎の躍進―
四　協会酵母と果実酵母、花酵母／41
五　名杜氏たちに学ぶ／49
六　全国酒類コンクールと現代日本名酒番付／59
　　現代日本名酒番付／63
　　（Ⅰ）日本酒の部（小結以上）／63
　　（Ⅱ）本格焼酎の部（小結以上）／64
　　☆泡盛部門／65
　　☆地ビール部門・ベスト10／66
　　☆リキュール部門・ベスト10／66

第二章――日本の誇る酒　北から南まで・・・・・・・・・・・・・・・・・・・・・67
北海・男山／宝川、北の一星、カムイトノト／八鶴、如空／桃川／月の輪／浦霞／鳳陽／太平山・天巧／秀鳳、吟酔匠／大山、十水／紅花屋重兵衛、澤正宗、雪原／あら玉、名刀・月山丸／蔵粋／一人娘／開華、みがき／赤城山／群馬泉／天覧山／長命泉／梅一輪／甲斐の開運／越乃寒梅／清泉、亀の翁／天狗舞／黒龍／大雪渓／白馬錦、雪嶺／菊秀、蔵、峠／水尾／杉錦／花の舞／木曽三川、武陵桃源／宮の雪、久寿／元文／山車／深山菊、四ツ星、ゆず兵衛／白真弓・やんちゃ酒／蓬莱／千代菊、光琳／喜楽長／美冨久、三連星、昇天神／弥栄鶴、笑顔百薬、旭蔵舞／沢の鶴、実楽、瑞兆／八重垣／太平洋、熊野水軍／千代むすび／極聖／酔心／宝剣／瑞冠／金冠黒松・錦／司牡丹・船中八策／和膳会釈、杉能舎・能、杉能舎ビール／光武、舞ここち、魔界への誘い／能古見／宮の松／天の川／香露／瑞鷹、東肥一本槍／小国蔵一本〆、心ゆくまで／球磨拳、徹宵／豊永蔵、麦汁／房の露、紅福／文蔵／松の泉、水鏡無私、おてもやん／吟球磨、堤、ジョイホワイト芋・蔵八、黒大豆／極烝甕王、右衛門七、帝王、ゆふのしずく、酒仙・井上みつる／倉光、沙羅、双樹／角の井、初代百助／山水、麹屋伝兵衛、極上閻魔／いいちこ／高千穂・黒麹、雫／伊佐大泉／鶴之國、出水に舞姫／加那、珊瑚、凛／キャプテンキッド、喜界島しまっちゅ伝蔵／宮の華、うでぃさんの酒／暖流、守禮／琉球ゴールド、HYPER YEAST、コーヒースピリッツ／玉友・甕仕込、マンゴー梅酒／珊瑚礁／松藤

第三章――地ビール散策・・・・・・・・・・・・・・・・・・・・・・・・・・・・・・・245
登別地ビール・鬼伝説／湖畔の杜ビール／常陸野ネストビール／宇奈月ビール／独歩ビール

第一章　いい酒とは

一　超いい水を発見
――ぶなのしずく――

このお酒の本、いい話で始めたい。

酒を造るとなると、すぐ頭に浮かぶのは、原料としての米、水、そして造る人・杜氏である。米はもちろんいい酒米を選んで、上手に水洗いし、麹を造らなければいけない。しかし、いまではかの最上とされる酒米の「山田錦」も、兵庫の吉川産などとこだわらなくとも、あちこちの県産の「山田錦」が地元の酒蔵で使われるようになっている。「亀の尾」という往年の名産米の保存された種米を探し当てて栽培し、自ら「亀の翁」という製品を造り上げた久須美酒造の苦心は、もう三十年以上も前に『日本の名酒』という旧著で紹介した。その「亀の翁」をアメリカのワイン評論家のロバート・パーカーが、先ごろ（二〇一六年九月）日本酒の第一位に評点したとかで、結構な話であるが、私がその「亀の翁」をかつて民間唯一であった日本酒コンテストで日本一に評点したのは三十年以上前の話だ。「亀の尾」の栽培もあちこちで進む。「山田錦」で上手に醸した酒は、さわりがなくて味わいもよくていい、という声が、今も酒類コンクールの審査員の中にあるし、私も評点をはずんでいるが、ほかにも近来開発された北海道の「七ツ星」「彗星」、青森の「華吹雪」、秋田の「秋田酒小町」、山形の「つや姫」「出羽燦々」、長野の「金紋錦」、岐阜の「飛騨ほまれ」、京都の「祝」、広島の「千本錦」、愛媛の「松山三井」、佐賀の「レイホウ」、大分の「ヒノヒカリ」等々、それぞれの道府県開発の酒米で優秀な評点を得て、高位に入賞する製品も少なくない。

端的にいえば、「山田錦」や「雄町《おまち》」といった従来定評のある酒米を使った銘柄には、それぞれの酒米に固有の持ち味がある。県開発の米の場合もその特性を生かしながら酒造りをする。が、酒の優劣は必ずしも使用米のちがいによって決まるものではないし、左右されもしない。「山田錦」の最上米を使っても、水が良くなければ、また造る杜氏の技能やカンの冴えがなければ、いい酒にはならないということだ。

となると、造り手を代表する杜氏の技能は無論のことだが、水の良し悪しが第一ではないか。と気づいて思い当たるのは、戦前にも満州（現在の中国東北州）や、戦後も早くにアメリカのカリフォルニア、さらにはオーストラリアなどで日本酒の製成が試みられながら、すべてうまくいかず撤退の憂き目を見た事実である。

原料米は、たとえばカリフォルニア米など、形状の問題はありながら、酒米としての改良や、精米上の工夫もされたと聞く。私自身そのカリフォルニアの製酒場を訪れたこともあったが、製造担当者にもベテランが派遣されていた。しかし、それでもいい酒はできずに終わってしまった。何がいけなかったか。水だ、水のちがいだ。

海外旅行は日常のこととなっている。ヨーロッパ諸国やアメリカ、アジア各地、南米、アフリカ、あるいは聞きなれない島国、小国、皆さん到る隈なしだが、どこに行ったにせよ、ホテルの部屋で水道の水を飲めるところがありましたか。かつてヨーロッパの旧東欧諸国も含めて、十数国のワイン産地やワイナリーを訪ね歩いたことのある私の体験でも、海外でホテルの水が（安全に、違和感なく）飲めたのは、アルプスの雪解け水を水源にもつオーストリアのウィーンのホテルの水ぐらいのものだった。

これに対して、日本の国内では、どこの道府県各地に行っても、ホテルや旅館の水道水が飲めないなどということはない。それどころか、海外から帰ってきて水道からふんだんに出る水で手を洗い、口をすすぐと、こんなに水がいいなら、天然水云々なんてわざわざこの国では買うことはないな、と思ってしまう。東京にいてさえそうなのである。日本ほど水のいい国は世界にないのである。そしてその中でも造酒屋はとびきりいい水を使ってそれぞれに酒造りを励んできた。造酒屋の酒造に使う水には硬水と軟水がある。ナトリウム、カルシウム、マグネシウムなど、分析して成分の多い目なのを硬水、反対に少ないのを軟水と呼んできた。その硬水、軟水の度合いを示す数値もある。

日本各地に環境庁の選定した「名水百選」なるものもあるが、これは主に足場もいいところにある自然の湧水、河川などであって、たしかにそれぞれにきれいな水で、景観を伴うことも多いが、酒造に使われる水は造った酒が名品とならねばならない。したがって、一層きびしい水質が求められる。

もともと酒蔵はすぐれた水の出るところを選んで建てられた。たとえば大分の臼杵に「一の井手」（久家本店）という名酒がある。その辺りで一番いい水の湧く井戸を持つ酒蔵の酒であることも意味している。どの酒蔵もそういういい水の出る井戸を持っていたが、新潟の「越乃寒梅」の先々代石本省吾蔵元のように、自家の水に飽き足らず、近くを流れる川の上流二キロあまりの砂丘に井戸を掘って、その湧水を自家にホースで送って酒造りをした人もいた。

ところが、いまではそれどころか、はるか車で一時間以上もかかる山間の橅《ぶな》の森の中に、すばらしい軟水を探し当てて、その水で至上の名酒を造る酒造場まで出現した。今回水についての主題に特筆するのは、この広島県三原市の「酔心《すいしん》」㈱酔心山根本店）のことである。

もともと広島の「酔心」は、明治の末年から大正、昭和期にかけて日本を代表した名酒だ。世に「協会酵母」と呼ばれるものがある。一九〇六年（明治三九）に「醸造協会」として設立され、醸造の科学的研究や技術の振興、進歩発展をめざした日本醸造協会が、一九一一年（明治四〇）第一回を開催した全国新酒鑑評会で、第一位となって高い評価を受けた優秀酒の酵母を採取し、純粋培養して頒布したことに始まったもので、第1号から「協会1号」「協会2号」と番号をつけて呼ばれることになった。第1号は明治末年まで灘の代表格だった「桜正宗」、「協会2号酵母」となったのは京都伏見の「月桂冠」が鑑評会で優勝したのでその酵母。ここまでは灘と伏見の代表酒からの採取で、仕込みの水で見れば、灘の「桜正宗」は有名な六甲からの「宮水」（硬水）でコクのある酛《もと》造り、「月桂冠」は伏見の伏水《ふせ》（やや軟水）で造ってやわらかい味わいのふくらみを特長とした。

次に一九一四年（大正三）全国一となって鑑評会優勝を果たした広島・三原の「酔心」の酵母が、「協会3号酵母」として純粋培養された。広島酒の台頭もこれによって始まるのである。「酔心」の名声も一気に高まった。岡倉天心の日本美術院に拠って「生々流転」の絵巻、「瀟湘八景」「霊峰富士」等々の名作、大作で日本画の泰斗であった横山大観がこの酒をこよなく愛し、終生座右の酒として「絵も芸術だが、酒もこれほどのものを造るとなれば立派な芸術だ」と言ったこともよく知られている。

その「酔心」は、酒蔵のある地元三原の水を仕込みに使っていた。この水は灘の宮水や伏見の伏水に対して、きれいな軟水で、それが「酔心」の美質を生み出していたが、戦後、山野が切り開かれ建物も建てこんで都市化が進むにつれ、軟水の水源も失われていった。平行して仕込みに使っていた井戸の水の硬度は年々増していった。

広島大学の発酵学科を出て自社の酒造場で後継の修業中だった山根雄一さん（現代表取締役）は、この仕込水の微妙な変化に危機感を抱いた。そして、何とか自家伝統のすぐれて理想的な軟水の水源を求めて、忙しい業務の合間、三原近郊から周辺の田野に足を伸ばし、来る日も来る日も、これはと思う清水の湧いているのを見つけると、汲んで帰って水質検査をした。しかし、どうしてもこれならと納得のいく水を発見するに到らない。

周辺の町の各所に井戸も掘って良水を求めた。だが掘り当てられぬ。気がつくと三、四年と時が経っていた。「何とか、どこかに、これならという水は見つからないか」――山根さんは愛車を駆って、ある日自社を出ると、西北へ東広島へと沼田川という川のほとりの道を、ひたすら高地へ辿っていた。走ること約一時間、やがて鷹ノ巣山という東広島では一番高い山の麓に達する。標高九二二メートル。中高生が遠足で登ることもある。晴れた日には頂上から瀬戸の海も遠望できる。杉木立の中の登山道から林道へ折れると、谷川のせせらぎの音が開いた窓から聞こえた。

山頂近くこの山には橅の原生林があって、その根元をくぐって雪解けや地下をくぐった水が流れる。「のどが渇いたね。この辺で休むか」。山根さんは同行した南部杜氏の平《たいら》暉重さんを顧みた。山麓から頂きのほうへ少し登りつめたところ、木立には橅がまじっていた。落葉と柴が覆ったような岩間に湧く清水がある。不思議に水が青く澄んで見えた。手ですくって飲んでみた。

「旨いね、いいね、この水」

「いいですな」

と平杜氏も答えて「コーヒーでも入れますか」と車からコッフェルやポットを取り出した。その湧き水で持参したコーヒーを入れてみようというのである。疲れたのどの渇きを癒すと同時に、多年酒造りの中のテイスティングで鍛えぬいた香味の官能の持ち主ならではの技がここで生きる。入れたコーヒーの風味を通して、水の良否も性質もてきめんにわかるのだ。

「どうです」

「これはすばらしい。限りなく純粋だね」

「美味しいコーヒーになりましたなあ」

「よし、この水を持って帰って分析しよう」

　橅の群生林の麓の谷川のそばの湧清水は、早速持ち帰って水研究の専門家によって分析された。その結果、「稀にみる軟水の名水」の評価が出た。数値的にも、かつて日本一の軟水醸造を誇った時期の三原の水に比べて、十倍もの純良度を示す、軟水中の軟水だった。

「酔心」では山林の持ち主に交渉して、この橅の林の水の発見地に井戸を掘らしてもらい、その水で酒の試醸を始めた。しかし、試醸は困難をきわめた。酒はむしろ硬水のほうが造りやすい。〝沸く〟という言葉があるが、硬水であれば泡がぶくぶく出て発酵しやすい。さらにアミノ酸などの成分があると、酒の味わいをよくするメリットもあったりする。しかし、水があまりにきれいで見事な軟水であると、逆に、造りは限りなく難しくなる。

　その難しい軟水の造りに「酔心」の杜氏はまた数年かかって取り組む。もともと大正三年の昔に、酒造界で初めて軟水の酒造りで日本一となり、それまで灘・伏見一辺倒だった酒造界の常識をひっくり返した「協会酵母3号」を生んだ名誉ある蔵である。杜氏は山根雄一さんともども橅の林の限りなく純水に近い理想の水で、ついに完ぺきな酒造りに成功した。飲んでまさに爽やか、どこまでも澄んでさわりなく旨い。この名酒、その銘も「樵のしずく」と名づけられた。本醸造と純米酒がある。

私がこの「樵のしずく」（純米酒）に初めて出会ったのは、三年ほど前、東京日本橋・室町の三越本店前の鰻屋だった。たしか「伊勢定」という、国産の鰻しか出さない店だ。酒のメニューを見るとさすがに各地のちゃんとした酒をそろえている。どれも鰻の味を引き立たせてマッチする酒を選んでいるようだ。うなずきながら見ていくうち、一つ初めて見る銘柄があった、「樵のしずく」――「はて？」

多年私は酒の審査に関わってきたし、四十年ほどの間に全国各地の五百余りの酒造場も訪ねて、それぞれの酒造りを見て来ている。だから店に入って知らない酒の銘に出会うことはあまりない。未知の酒の名前があると「飲んでみたい」と強く思う。で、私はその「樵のしずく」を〝ぬる燗〟で注文した。料理は〝うざく〟から始めたのだが、さらりとしたキュウリもみと新鮮な鰻の風味を、何のさわりもなく引き立たせ、快い味覚とほのかな昂揚感と食感に誘う。しかも酒あっての美味という役割をピタリと果たしてくれる。私はメインの鰻重が出る前にさらに二合入りの銚子でこの「樵のしずく」を注文した。

江戸風味の肝吸いのきりっとした吸物にも、この酒は細やかになじんだ。互いにとけ合うようだ。そして申し分なく香ばしい鰻の旨さとマッチして、互いにきめ細かに美味を充溢させる。しかもなんと後味のさらりとしていることか。

食べ終わり、飲み終わってから、私は店に頼んで「橅のしずく」の瓶を持って来てもらった。醸造元を確かめるためだ。そして、広島三原の酔心山根本店の新しい製品だと知った。「酔心」の酒蔵ならば、私は昭和五〇年代に先々代蔵元ご健在のころお訪ねして、年に一度文化の日だったが、その日しか公開されない秘蔵の横山大観の絵巻を、見せて頂いたことがある。しかし、最近のこうした新製品のことは知らずにいたのである。

不思議な引き合わせというのだろうか、私も長く審査員を続ける全国酒類コンクールの二〇一六年春の純米酒の部に、この「橅のしずく」が出品されていた。審査は公正を期するために、審査員にはどの出品酒も銘柄がわからないように、番号のみの利き猪口に注がれた中身で、香り、味、それから個性や創意について評点する。ブラインド・テイストといって、銘柄による先入観、えこひいきをなくすためである。

こうして各審査員無心に審査・評点した結果、第一位となったのは「橅のしずく」であった。私も高点をはずんでいたが、審査員中、純米酒ならではの原料米の旨みに加えて、まれにみる精度の高い酒質に他に見られない個性ありと評点した審査員が複数いたので、協議の結果審査員特賞を「橅のしずく」に贈ることになった。改めて蔵元の酔心山根本店を取材せねばならない、と私はこの結果を知って思った。そして、実際に訪ねて、その鷹ノ巣山の橅の原生林の麓に、この上ない軟水を発見するに至る苦労も聞いたのである。

二　「君の名は」、カムイカンデ、飛騨の酒

二〇一六年の年の暮近く、造酒屋をめぐる楽しい話が新聞に出た。

新海誠監督のアニメーション映画「君の名は」が大ヒットして、二〇一六年八月下旬の公開以来昨年一月中ごろまで、全国の上映館で大入りを続け、五ヶ月足らずで興行収入もすでに二百四十億を越えるという大記録を打ち立てたことは、ご承知のとおりである。二〇一六年一二月七日付の『毎日新聞』夕刊は、「君の名は」の見出しで、この映画の主な舞台が飛騨市の聖地であり、その地の造り酒屋の一つである古川町の渡辺酒造店の若い新入りの女子社員二人が、「君の名は」の公開早々にこの映画を観て一方ならぬ感銘を受け、映画に古くからの神酒の「口噛み酒」の伝説に由来するシーンもあることから、ゆかりの新酒を造り出すことを思いつき、会議にかけたところ、蔵元のＯＫも出て発売されることになり、目下この酒も大ヒットしている。「その酒の名は――」というのが記事の大意である。

この渡辺酒造店は、私どもの四十年来続けている民間最大で審査のもっとも厳しいとされる全国酒類コンクールに、一升瓶を新聞紙にくるんで「蔵元の隠し酒」と銘打った本醸造酒を出品し、ここ数年春秋連続して第一位特賞に推されている。そのほか「家伝手造り」の純米大吟醸の「蓬莱」も第一位を重ねた。すばらしい名品を生み出している酒造店だ。

同じ古川町には、この町独特の春四月の「起こし太鼓」のお祭りに由来する「やんちゃ酒」で知られる蒲酒造場もある。

こうした飛騨の聖地にロケハンもしたとなれば、まず「君の名は」の映画を観なければなるまい。いや、どうしても観たい、という衝動に駆られて、私は早速新宿の映画街に出かけた。ところが、折柄学校が冬休みのときでもあって、元のコマ劇場跡の大映画館も、新宿ピカデリーも「君の名は」の上映劇場は午前・午後・夕方・夜すべて高校生や若い観客で前売りも売り切れ、超満員で入れない。やっと二日後のピカデリーの午前に三席だけ空席があるという。私はその切符を一枚必死で買い求めて、前から三列目の隅っこの席から、食い入るように、一時間半あまりのアニメの世界にひたった。

なるほど、「蓬莱」の酒にゆかりある酒造りに関わるエピソードも、さりげなく随所に出てくる。中でも作中のヒロイン高校女生徒・宮水三葉が、巫女《みこ》に選ばれて祭りの近づく日の寒い朝、昔の神酒造りの故事にのっとり〝口噛み酒〟の祭事を行なう場面には感動すら覚えた。

そして、渡辺酒造店の二〇一六年四月入社の井之口晴稀さん、下梶谷歩夢さんの二人が、一緒にこの映画を観て、とりわけ飛騨弁を使うヒロインの神酒造りのシーンから、瓶子《へいし》入りの「聖地の酒」を出すことを思いついたという新聞の記事にも、なるほどとうなずかれたのだった。

そのほかにも、東京にいるもう一人の主人公立花瀧がヒロインと彗星の走る宇宙のような夢幻の世界で交感しつつ、その口噛み酒を口にするシーンを見るにおよんで、私はこの古川町に近いもう一つの飛騨の〝聖地〟のことを思い浮かべた。

それはほかならぬノーベル物理学賞受賞者の小柴昌俊氏が、ニュートリノの観測に成功するに至った、人工の宇宙カミオカンデのことである。「君の名は」で、主人公たちや見るものがたえず宇宙へと誘われて、そこに愛を手引きする彗星をたえず見出すのは、同じ飛騨の、古川町に隣り合わせて作られた、かのカムイカンデにも由来しているのではないか、と思われた。少なくとも旧制高校の寄宿寮時代から朝永振一郎氏に師事するまでの小柴氏の逸事を身近に知る私には、閃くようにそう見えた。カミオカンデもまた酒にゆかりのある聖地である。

小柴氏は旧制横須賀中学から旧制一高の理科に入った。一高は全国の中学から選りすぐりの俊才が、難関の試験を突破して入る学校（現在は東大教養学部の一部）だったが、全寮制でみな寄宿寮に起居するのが原則、小柴氏は食堂部の委員を務めた。戦後の食糧不足の時代で、足りない主食や食材を千二百余の寮生のために確保する食事委員の仕事は繁忙を極めた。授業も休んで食糧の特配を頼みに関係省庁や、近郊の農家や牧畜業者の心当たりも駆けずり回る。小柴氏の成績は常に〝逆トッ〟（トップの逆、すなわちドン尻）であった。

いよいよ大学へ進学するときになって、理科のクラス担任教授は、小柴氏にもどこの大学の何科を志望するかと訊ねた。小柴氏はためらうことなく「東大物理学科」と答えた。担任の教授は「冗談じゃない、君の成績で入れると思っているのか。どうしても東大に入りたいのなら、万年志願者ゼロの文学部のインド哲学梵文学科ぐらいしかないよ――」

だが、小柴氏はこの教授の言葉に逆らって闘志を燃やした。そして入試まで一ヶ月しかなったが、理科きっての秀才に特訓を頼む。そして小柴氏は見事東大物理学科に入学を果たした。

それからがまたすごい。一高食事部委員以来の親分肌というのか、頼まれたら引き受けずにいられない誠実味というのか、研究室の予算不足による不備の建て直しなどには献身したが、物理学の原論の座学や、必要な実験研究にはなかなか身が入らない。しかし実験現場に強い能力を買われて、ともかく大学院には進むことができた。ただし学部時代の成績不良でお先真っ暗である。小柴氏は思いあまって、ある日、ノーベル物理学賞受賞者となった朝永振一郎博士(現筑波大の東京教育大学長)に前途の相談に出かけた。朝永博士は初対面の小柴院生の話を親切に聞いて、アメリカの大学での研学をすすめ、留学への特別の推薦状まで書いてくれた。そして、小柴院生の顔を少々いたずらっぽく見つめた後、「ところで、君は酒を飲めるかね」。思いがけぬことを訊かれて小柴氏は驚いたが、「はあ、酒ならば自信があります」。

朝永博士は莞爾として「じゃあこれからもしょっちゅう来て、酒の相手をしてくれたまえ」

こうしてまだ留学前の二十代の小柴氏は、天下のノーベル物理学者とさしで飲みながら、たとえばすでに物理学は人工的に宇宙空間を創り出して、そこにこれまで見えてなかった新しい原子を見出す段階に入っていることも、示唆されたのではなかったか。

それ以後の小柴氏は、アメリカのロチェスター大学に留学し、大学院に入ってこれまでとは打って変わった研学と実験への集中ぶりで頭角を現し、首席で大学院を了え、その実績を母校の東大にも認められて、物理学科の教授に迎えられる。さらに飛騨の神尾の地の、廃坑跡のとてつもない巨大空間に、巨費を集めて新宇宙空間カミオカンデを築き、宇宙創生にも関わる素粒子中の中性微子ニュートリノの発見の立役者ともなった。

朝永氏は「科学者や物理学者が普遍的な法則を追求していった結果、実際の日常の自然にはあらわれない自然現象を起こさせる実験という手段によってわれわれの日常生活とは違った世界を見出す」と常々考えていた。そのことを酒を酌み交わしながら、小柴氏に教え込んだのではなかったか。小柴氏は、アメリカの大学から帰った後、飛騨市神尾の鉱山跡の地下に、外界の影響を受けないカミオカンデ（東大宇宙線研究所宇宙素粒子観測装置）を築く。そしてニュートリノを発見、カミオカンデはさらにスーパーカミオカンデ、ハイパーカミオカンデと発展し、小柴氏につづく梶田隆章教授のノーベル物理学賞も出現させる。

「君の名は」を見ている中、そのアニメの世界の宇宙で交感する遠く離れた若い二人の愛を、交錯する彗星や流れ星が媒介しているように思え、自然にカミオカンデのことも連想していた。この映画の世界そのものを、新しい愛の酒界（?）を見出す宇宙にしようとした、それだから高校生など若い人々の共感を得たのだと――。だから、その世界に日本酒の原点ともいえる口嚙みの神話の酒のエピソードも素粒子の発見のように生きたのだと。

渡辺酒造店の若いお二人の考案に発した瓶子入りの「蓬莱・聖地の酒」は、店頭に行列ができたほどで、たちまち三千本が売り切れ、急いで容器の増産をはからねばならないほどだったという。神話の酒のイメージは、映画の人気とともに、飲んでみたい気持ちを強く駆り立てたのであろう。

渡辺酒造場の「蓬莱」の酒そのものが、「蔵元の隠し酒」の本醸造酒、「家伝伝承」の純米大吟醸等々、生成酒のすべてが大変旨くすぐれているのは前に記したとおりであるが、一度酒蔵を見たいな、と先日出かけてみた。

実は、ずっと以前に、やはり三十年ほども前にこの飛騨古川町の蔵を訪ねたことはある。そのとき、出格子の旧家然としたお家の前に、酛《もと》(酒母)造りにいそしむ杜氏のブロンズの像があって、司馬遼太郎氏執筆の碑文が刻まれていた。当時の蔵元・渡邉久郎氏の夫人は、奈良の名刹からのお嫁入りだそうで、久郎蔵元ご自身も名家に生まれて慶応出身の寡黙なお人柄だった。今は令息の久憲蔵元の代、しかもコンクールで出される製品がことごとく一位や審査員特別賞の最高位を占めるので、ぜひ再度訪れて、蔵内ものぞいて見なければ、と思ったのである。

案内に立った渡邉隆さんは、渡邉久憲蔵元の令弟で総支配人、広報担当もなさっている。若く、足どりも踊るように楽しいと思いつつ、あとについて蔵の中に入った私は「ええっ」と驚いた。「いかがです」と弾けるような笑顔で隆さんが私を振り返った。福島県喜多方の小原酒造は蔵内にモーツアルトを奏でて酵母を活性化させるので有名だ。だがこの音はちがう――。「まさか、これお笑い――?」。「そうなんです。うちでは醪にお笑いを聞かせております」と隆さん。

賑やかに、沸き立つような音と言葉がタンクをおおい、蔵内に立ちあおって、醪の菌も勢いづかせているようであった。

隆総支配人のお顔もますます活気づいている。お囃子に思わずトントンと足どりまで踊り出して、私も蔵内を回った。

「お笑いを醪から聞かせると、お酒全体もこんなに勢いづくんですね」

「家伝伝承」などのお酒をテイスティングしながら感想をもらすと、令弟の隆さんより威厳に満ちていた渡邉久憲蔵元の相好もたちまちニコニコと笑みに包まれた。笑う門には福来るである。

くる。

三　本格焼酎の次のブームは？
―球磨焼酎の躍進―

酒類コンクールを主催していると、酒造界の情勢が手にとるようにわかる、というか見えてくる。

民間最大規模の日本酒コンテストを、審査員に反骨の東大農学部出身の元鑑定官穂積忠彦氏や、『ほんものの日本酒選び』を書いた私、そこへ戦前国の醸造試験所の所長を務め、戦後は東京農大の教授として独自の鑑評会も開いておられた山田正一博士も迎えて、昭和五十年代の初めに開いた。

このときは、『特選街』という媒体の編集部の人々が、酒屋を回って市販の酒を買い集めてきた。およそ百種類ぐらいあったろうか。灘や伏見、広島、秋田などの大手の酒もあったし、信州や中国、四国、九州などの当時は全国的に知られなかった銘柄の酒もあった。もちろん銘柄は隠してのブラインドテイスティングだったが、山田博士がとくに〝灘香《なだか》〟に厳しかったこともあって、大手の酒はおおむね評価が低く、一位になったのは四国の愛媛の地酒であった。

これを機にいろいろのことがわかった。当時、灘や伏見の超大手はじめ、秋田や広島その他の地方の大手の酒は桶買いをしていて、一つひとつの銘柄に独自の長所や個性を浮き彫りするような度合いを薄めていた。これに対して、香味に長所のある酒は中堅どころの桶売りも桶買いもせず、独自の酒質や香味を追求する銘柄が多く、一位となった愛媛の酒も、そのような酒蔵のものだった。このコンテストの結果は波紋を生んだ。

そのころ、というより戦後の醸造試験所で行なわれた〝官制〟の全国新酒鑑評会は、戦前までは一位、二位の順位をつけていたが、戦後は万事優劣をなるべくはっきりさせないという一般的な建前によって、金賞、銀賞、入賞せずに大別され、金賞もかなり多数、銀賞も同様で、金賞といってもその年毎の〝お上〟の香り重視だの、色調の純度だのの方針に基づいて利き酒に当たる多数の鑑定官たちの評価によって平均化され、金賞といっても卓越した名酒が含まれるとは限らなかった。銀賞以下の酒の中にむしろ個性もあり、風格もあり、味わいすぐれた逸品もあったりした。

私どもの始めた日本酒コンテストは、金、銀賞などのおおざっぱな評価をせず、香・味それぞれの評点を総合して、出品酒全部の採点をし、合計点で厳正に一位から最下位まで決めたから、刺激的でもあり、結果も尊重された。とくに第一回に、四国の小都市の酒が一位になったことは、それまで桶売りをせずにがんばってきた地酒の蔵や、桶売り依存から脱却したいと願っていた地方の中小の酒蔵に刺激を与えた。いわゆる地酒の振興が、このコンテストと同時に始まった。その点では酒造界の動向を反映するというより、主導したとさえ言えるだろう。

次いで、海外にすぐれた日本酒や本格焼酎、泡盛などを紹介する目的で始めた全国酒類コンクールは、一九八九年以来日本各地の酒類を集めてロンドン、パリ、ウィーン、バルセロナ、オタワ、デュッセルドルフ等でコンクールを行ない、結果は共同通信やNHKテレビを通じて日本の国内でも報道され、日本酒の海外輸出に先鞭もつけた。

そのころ、酒造界に大きな動向があった。コンテスト開催後大手は次々桶買いを手控えるようになった。たとえば伏見の「月桂冠」は一九七五年ごろおよそ七十万石（一石＝〇・一八kℓとして、十二万六千kℓ）を製成していた。しかし、約二十年後私どもが海外で日本酒のコンクールを開始したころには約三十万石ぐらいに減石していた。その差は、桶買いを止めたためである。灘の大手も同じように桶買いを手控えして、製成数量を減らした。あまり変わらなかったのは「菊正宗」と「沢の鶴」ぐらいで、これは両社が初めから自製酒を主体としていたからであろう。ところで、「月桂冠」が桶買いも含めて七十万石を製成していたころ、ようやく一kℓ（五石ぐらいか）の製品の試醸をした蔵があった。九州宇佐の三和酒類である。この会社は、それまで酒、酢、ワインなどをそれぞれ造っていた蔵四つが合同して一つになってできた酒造会社で、試醸したのは「いいちこ」という麦焼酎である。

いまでは「いいちこ」乃至「下町のナポレオン」の名を知らない人はいないだろうが、一九八〇年前後、ちょうど私は京都の大学に出講していて、たまたま出会った三和酒類の社長さんから、風呂敷に包んだ「いいちこ」の一本を差し出され、「あんた夜は木屋町かどこかで飲みなさるじゃろ、ぜひママさんにこれをすすめて下さらんか」と頼まれたりしたものだ。それから七、八年後、一九八〇年代終わりには、「月桂冠」が三十万石に減らしたのに対し、「いいちこ」の三和酒類は百万石にまで達する勢いになった。たった十年足らずの間に、それほどの激変が起こったのである。

コンクールへの出品酒類にも変化が起こった。『特選街コンテスト』のころは日本酒主体で、本格焼酎の参加はなかったが、海外でのコンクールを開始した一九九〇年ごろは日本酒百に対し、十社ぐらいの本格焼酎や泡盛の出品があった。さらに『特選街コンテスト』も吸収した形で、全国酒類コンクールが毎年春秋に国内で行われるようになった二〇〇一年（平成一三）以後は、毎年本格焼酎の出品が増え、今ではだいたい日本酒と本格焼酎の出品率は五五対四五ぐらいで、本格焼酎の出品が増えつづけている。

本格焼酎の興隆は、一九六〇年代の鹿児島の本坊酒造の〝六・四〟のテレビ宣伝による芋焼酎躍進を皮切りに、本格的なブームは一九八〇年前後から「いいちこ」をトップとする麦焼酎によってもたらされる。「いいちこ」につづいて大分日出《ひぢ》の二階堂、さらにそば焼酎をも売り物にした宮崎の雲海酒造も造量で頭角を現した。みなあっという間の出来事だった。

では、今の時点でコンクールを通じてどんな変化を感じるかと言われれば、それは〝米焼酎〟の新たな台頭だろう。とくに米焼酎の原点ともいえる熊本県の球磨川の中、上流一帯で造られる球磨焼酎の躍進ぶりだ。もともと球磨焼酎は古い歴史をもつ。一五四六年には、ポルトガルの商人が宣教に日本に来たフランシスコ・ザビエルに「球磨の地方に、米から作ったオラーカ（焼酎のこと）という特別の飲み物があります」と報告している。

この地方を室町時代以後安土・桃山時代、江戸時代にまでわたって支配した相良氏は、いまも代々の城主を祀った相良神社が領民によって建てられているほど、仁政を布いた。とくに米焼酎について、文禄・慶長の役（一五九二～九八）のころ、朝鮮からすぐれた技術者を連れ帰って、上質の原焼酎を造らせて範を示しただけではない、藩の特産として免許を与え官制の焼酎を特定の蔵に造らせ、領地の農民一般からの年貢米の一部を目こぼしして、それぞれが余分に残った米で自家製の米焼酎を造って楽しむのを、黙認したのである。

相良氏の居城だった人吉城跡にある相良神社に、いまも球磨焼酎の蔵元はもとより、球磨地方に住む人々の参詣姿が絶えないのは、そういう歴史があるからだ。

現在、人吉から球磨川に沿う街道をさかのぼって、球磨村、錦町、あさぎり町、多良木町、湯前町、水上村に到るまで、およそ四十キロ余りの間に、二八（社）の焼酎蔵がある。代表銘柄と酒造場名を記すと次のとおりである。

「鳥飼」（鳥飼酒造）、「銀の露」（渕田酒造場）、「華成」（球磨焼酎㈱）、「繊月」（繊月酒造）、「武者返し」（寿福酒造場）、「彩葉」（深野酒造）、「山河」（福田酒造）、「温泉焼酎夢」（大和酒造元）、「白岳」（高橋酒造）、以上が人吉市内。さらに「園の泉」（渕田酒造本店、球磨村一勝地）、錦町に「六調子」（六調子酒造）、「秋の露」（常楽酒造）、あさぎり町に「萬緑」（松本酒造場）、「もっこす」（松の泉酒造）、「奥球磨櫻」（堤酒造）、「秋ノ穂」（高田酒造場）、「宮の誉」（宮原酒造場）があり、球磨焼酎のメッカとも言われる多良木町に入ると「球磨の泉」（那須酒造場）、「文蔵」（木下醸造所）、「房の露」（房の露㈱）、「球磨拳」（恒松酒造本店）、「九代目」（宮元酒造場）、「ばつぐん」（抜群酒造）がひしめく。そして、さらに上流の湯前町には「豊永蔵《とよなが》」の豊永酒造と、「極楽」の林酒造場があり、最上流の水上村にも「大石」の大石酒造場と「最古蔵」を誇る松下醸造場があって、以上二八場が切磋琢磨し合ってすばらしい本格焼酎を生み出し、その品質水準は極めて高い。

熊本では、熊本市に名酒「瑞鷹《ずいよう》」で知られる瑞鷹㈱が本格焼酎も造って、「東肥・一本槍・刻」という名品を出し、コンクールでも審査員を唸《うな》らせるが、これは麦焼酎である。

球磨焼酎の本領は米と米麹で造る米焼酎にあって、全国各地の酒蔵で米焼酎も出すことは古くから行われているが、その多くは酒をしぼった後の酒粕《さけかす》を原料にした、いわゆる「粕取り焼酎」であった。球磨焼酎はそうではなくて、初めから本格焼酎を造る目的で、米を蒸し、黄麹、黒麹、白麹など思い思いの手法で使って醪を造り、蒸留して滴りを集めて焼酎とする。だから旨いのであり、それをさらに甕に入れて五年、十年貯蔵熟成させるとまさに絶品となる。

初めて私が球磨焼酎の里を訪れたのは、一九八〇年代の初めごろであった。泡盛のことも知らねばならぬと考え、一ヶ月余りも沖縄に滞在してあちこちのサカヤー（酒蔵）で泡盛の古酒《クース》も飲み、泡盛の麹菌がいかに戦禍を生き延びたかも知り、石垣島では毒蛇の親玉のハブを泡盛漬けにした「ハブ酒」も飲んだ。要するに相当に鍛えて那覇から鹿児島空港へ飛んだわけである。球磨地方は陸路で行くと、熊本も阿蘇よりさらに奥地で、鉄道も肥薩線で八代から人吉まででしかない。球磨川をさかのぼるとなると、秘境を行く感じだ。しかし、鹿児島の空港からはかえって近いので、そのときは多良木の「文蔵」の木下醸造の蔵元さんが車で迎えに来られた。

縁の下に埋めるように並べられた甕に貯蔵した焼酎など見せていただいた後、その日は遅くなったので泊めていただいたのだが、初めて球磨焼酎というものを飲んで、感服した。さらに馬刺しとともにジョカという土瓶で直接温めた〝縁の下十年〟の「文蔵」をすすめられ、すっかり堪能した。そのころまで私はブランデーやウィスキーは愛飲していたが、本格焼酎はほとんど口にしていなかった。ところが馬刺しの旨さも手伝っていくらでもするする飲める。しばらくして「どれくらい飲みましたか」と訊ねると、木下蔵元は一升瓶の底に残ったのを目分量して、「七合は飲まれましたな」――

水や湯で割ったのではない。生《き》のままで七合あまり、ジョカによる燗も実によく、飲み心地もこの上ない。私は球磨焼酎の卓越を知ったのである。

あさぎり町（当時は上村上）の「松の泉」（もっこす）にも感動したが、その後訪ねそびれているうち、二〇一三年のごく最近になって、コンクールの本格焼酎部門にすごい変化が起きた。それまでに、本格焼酎のさつま芋を主原料とする芋焼酎で、鹿児島県の伊佐市の「伊佐大泉」（大山酒造）が、二〇一〇年春の出品以来連続して一位となり、二〇一二年春以後は審査員特別賞の特賞待遇となったのをはじめ、各部門で毎回それぞれ初顔の一位が新味を添えることはあっても、とくに米焼酎部門は動きが目立たなかった。ところが、二〇一二年春と秋の米焼酎部門で球磨焼酎の「球磨拳」（恒松酒造本店）が連続して一位となり、二〇一三年春秋には、同じく球磨焼酎の「球磨の泉」（那須酒造場）が高点で第一位特賞となるに及んで、様相は一変した。

二〇一四年春季の酒類コンクールに到って、球磨焼酎各社からの出品が、互いに競い合うように増えた。球磨焼酎同士の壮絶な順位争いとなり、二〇一四年秋は、「文蔵」の木下酒造所が「茅葺《かやぶき》」を出品して第一位となったが、「球磨拳」と「球磨の泉」もともに同点一位に並んだ。二位、三位以下にも評点微差で球磨焼酎がひしめいた。これはもう球磨焼酎から新しい本格焼酎の夜明けが来る、と実感するほどに球磨焼酎は生き生きとしてきたのである。そして翌二〇一五年春から一六年春秋にかけても、球磨焼酎蔵こぞってのコンクール出品の勢いはますます盛んで、米焼酎部門での高位のみならず、麦焼酎や芋焼酎部門でも首位に進出した。

二〇一五年春季全国酒類コンクールには、球磨焼酎の十数社から出品があり、米焼酎部門で第一位特賞に多良木町の房の露㈱の「醽《しょう》エクレセンス」という貯蔵熟成酒が、これまでになかったすぐれた香味で第一位審査員特賞となり、つづく評点合計第一位に「遊木」（あさぎり町、高田酒造場）、「球磨拳」、「百」（人吉市、高橋酒造）、「大石」、つづく第二位に「奥球磨櫻」、第三位に「かなた」（多良木町、恒松酒造本店）が入って、高位はすべて球磨焼酎が独占した。

この時点で、第一位特賞となった「醑《しょう》エクレセンス」の房の露㈱に照会して、私は大変感銘を受けたことがあった。酒造場があるのは、多良木町の街道沿いの中心地。聞くところによると明治、大正から昭和の戦前にかけては、球磨川下りの賑わいとともに多良木の町には遊里もあったそうである。そうした大正初年、「房の露」では近代仏教の先覚者だった清沢満之の一の弟子・近角常観《ちかずみじょうかん》を招いて、先々代蔵元はじめ蔵の人々も新しい仏法、教えに耳を傾けたという。近角常観は明治から大正にかけて、キリスト教の無教会派の内村鑑三に対し、宗派を超えた近代仏教を説き、東大など東都の学生たちの信奉を集め、本郷の地に求道会館（設計者は京大建築学科教授武田五一）も築いた人である。そのような宗教者・思想家を遠く球磨まで招いて話を聞いた、という昔の蔵元のありかたに、球磨焼酎の懐の深さを感じた。

——二〇一六年春季と秋季も球磨焼酎の活躍は一層壮《さか》んになる。

米焼酎部門でいうと、春季に「一九道」（湯前町、豊永酒造）が第一位特賞となり、一位と二位に「球磨拳」「かなた」（恒松酒造本店）がつづき、三位に「はなてばこ」（人吉市、福田酒造）、「豊永蔵」（豊永酒造）、「誉の露」（人吉市、深野酒造）が入った。また米焼酎部門以外でも、麦焼酎部門で「麦汁」（豊永酒造）が二位、「埋蔵金」（深野酒造）が三位に入る。芋焼酎部門では「房の露・倉岳」（房の露）と「むらさきいも・円熟かめ貯蔵」（あさぎり町、堤酒造）も三位に入賞している。そして、二〇一六年秋には、米焼酎部門で「常圧豊永蔵」（豊永酒造）、「減圧豊永蔵」（豊栄酒造）、「松の泉」（あさぎり町、松の泉酒造）が一位特賞に並び、麦焼酎部門も「麦汁」（豊永酒造）が第一位、芋焼酎部門でも「倉岳」（房の露）が第一位となって、球磨焼酎の卓越を一層示すことになった。

恒松酒造本家も、米焼酎部門で、早くに首位となっただけでなく、芋焼酎でも「王道楽土」で二〇一三年には二位となって先駆した。ここへ来てさらに上流の湯前町の豊永酒造の出品焼酎の活躍がすばらしい。これは一見の必要があると、二〇一六年の初夏のころ訪ねてみた。そこで豊永史郎蔵元が熱っぽく話されたこと、蔵内や周辺の田野をめぐって見たことをまとめる。

豊永酒造は一八九四年（明治二七）の創業以来、自社の田んぼを周りに持ち、自分たちで育てた米で焼酎造りを行っている。その米も一九八六年以来は有機農法によるお米で、二〇〇一年から「オーガニック認証制度」が始まったが、自社田と契約農家田のすべてがこの認証を受けている。そういう「球磨の米」と「球磨の水」と「球磨の人」によった典型的な理想の球磨焼酎造りを、豊永酒造ではつづけてきた。

「当社では、地元の有機オーガニック米を使った焼酎を『豊永蔵』、またとくに自社田で社員の手で有機オーガニック米を栽培して、その米を一〇〇%使った焼酎『自社田』も造っております」

と豊永蔵元は笑顔だった。

造りについては、後の酒蔵個々の章にゆずることにしよう。豊永蔵の有機オーガニック米は、肥料はＥＭ菌と米ぬかを混ぜたボカシというものを使う。ＥＭ菌を使うと土にとろとろした層ができて、雑草の生えにくいきれいな田んぼになる。また、苗同士の間隔を開けて植えることで、風通しがよくなり、稲にストレスを与えないので元気に育つそうだ。

私はその田んぼに出て青々と育つ稲を見た。そして、農薬を使わないので、きれいな田んぼにしか現れないホウネンエビやゲンゴロウがすいすい泳ぐのを見た。そしてトンボも爽やかに飛び交っている。その空気をいっぱいに吸いながら、球磨焼酎躍進の息吹きを実感していた。

四　協会酵母と果実酵母、花酵母

日本酒を製成する場合、酵母は重要な決め手になる。それによってズバリ酒の実体たる酛（酒母）が造られるからである。

酵母は英語ではyeast――すなわちイーストの菌であって、パン種のイーストと同類であるが、とくに酒造りに使うのは学名サッカロミセス・セルヴィシェというアルコール発酵能力の強い醸造用の酵母だ。清酒の醸造に使われる酵母のほか、ビールの醸造に使われる酵母もこの酵母に分類されるが、とくに清酒に使われるものは酸に強い性質があり、ビール醸造に使われるのは麦芽糖の発酵力が強いなどの特性を持つ。清酒造りに適した酵母にも千差万別、それぞれの性質のちがいがあって、それによってでき上がる酒の品質香味に微妙なちがいを生じる。「酒は万流」といった言葉が古くから酒蔵にあったのも、それぞれの酒蔵に巣食う酵母に無慮無数のちがいがあったからで、それを合理的に選別して、いい酒造りをするのに適した酵母を培養採種して頒布することにしたのが、明治の末年以後日本醸造協会の頒布してきた「協会酵母」である。

これは官の主催した清酒鑑評会で全国一となった中でも、連続して一位となったり、優勝回数を重ねたり、とくに識者が優秀と認めた酒蔵から採種されたもので、前に水の項で記したように、協会1号酵母は灘の「桜正宗」、2号は伏見の「月桂冠」、3号は広島県三原の「酔心」から培養採種された。

さらに大正末年香りのよい4号酵母が、広島県下の酒造場で頒布され、次いでいまの東広島西條の「賀茂鶴」から協会5号酵母が採られて、大正末年から昭和一〇年前後まで頒布された。今でいう吟醸香に近い香を出して評判がよかった。

時期が重なるが、昭和二、三年（一九二七、二八）ごろから秋田の「新政《あらまさ》」が全国新酒鑑評会（大蔵省醸造試験場主催）と、隔年に行われた日本醸造協会開催の全国清酒品評会で続けて優秀な成績を収めたので、その醪《もろみ》から協会6号酵母が採種頒布された。この酵母は、いわゆる秋田流の低温で長い時間をかけて発酵させるのに適した酵母で、昭和一〇年以後の吟醸造りにも貢献した。

戦中の昭和一八年と戦後まもなくの昭和二一年春に新酒鑑評会で一位、同年秋の全国清酒品評会では一位から三位までを独占した長野県諏訪湖畔の「真澄」から、協会7号酵母が生まれた。この酵母は当時の米事情を反映して、精米歩合七〇％（普通酒の基準）ぐらいの酒造りに好適であった。また「真澄」の蔵が寒冷の地にあることから、以後信越地方はじめ、比較的寒冷な地方の蔵が多用されるようになった。つづく協会8号酵母は、昭和三五年に協会6号から分離された変異株で、酸が多くて濃醇な酒を造るのによいとされたが、多用されるには到らなかった。

次の協会9号酵母は、熊本酵母あるいは熊本9号酵母とも呼ばれ、熊本市にある「香露」の醸造元である㈱熊本県酒造研究所が生みの親である。明治四二年（一九〇九）、熊本の鑑定部長であった野白金一が、有志の蔵元たちに懇望されて新たに造られた熊本県酒造所の技師長となり、やがて「香露」という名品を生み出す。「香露」は、昭和五年（一九三〇）には全国新酒鑑評会で出品四千種の中で一、二、三位を独占した。その名品から採種された9号酵母は飲んで旨く、香りも吟醸の名にふさわしい香気と品格を合わせ持つので、吟醸造りにもふさわしい酵母として大切にされている。また麹室《むろ》に〝野白式天窓〟を創造するなど、醸造技術上の数々の先覚者でもあった野白博士の生んだ酵母ということで、9号酵母は、全国に愛用する蔵元が多い。協会で頒布されるものに飽き足らず、直接熊本の「香露」の醸造元へ出向いて、研究所培養の酵母は頒けてもらう蔵元も少なくない。

協会10号酵母は「小川酵母」または「明利小川酵母」とも呼ばれる。明治・大正・昭和にかけて名声の高かった日本画家小川芋銭《うせん》の息（子息）小川知可良《ちから》が、仙台国税局の鑑定官室長であった時期東北地方各県の酒造場から収集した醪を、退官後技師長として入社した水戸の明利酒類㈱で分離培養した。低温長期醸造向きの酵母で寒冷地向き、吟醸香を出すとされる。

協会11号酵母は協会7号酵母の変異株で、アルコール耐性酵母とも呼ばれる。醪のアルコール度が高くなっても活動をつづけるので、アルコール度の高い辛口酒の醸造に使われる。

協会12号酵母は、昭和四〇年（一九六五）、評判の高かった宮城県塩釜の「浦霞」の醪から分離培養された。「浦霞」には南部杜氏の神様ともいわれた平野佐五郎がいて、イチゴやメロンの香りもする名吟醸を生み出した。その醪から分離培養されたのが協会12号で、低温長期の造りや、一部の蔵元が熱心に推進する山廃造り（山卸廃止酛《やまおろしはいしもと》による造り）にも適している。

以上が協会酵母の近年までの歩みであるが、その後も昭和五四年（一九七九）協会13号、平成八年（一九九六）に協会14号、15号が頒布されている。このうち協会14号は「金沢酵母」とも呼ばれて味のきれいな酒、協会15号は秋田県のＡＫ１酵母を協会酵母として登録したもので、華やかな香りを生むのに重宝された。

また、酒造りの最中、タンクの中の醪は酵母の作用によって炭酸ガスを発生して泡立ち、蔵人たちは夜通し見回って泡ごと醪がタンクから吹きこぼれないように、作業を怠らない必要があった。そこで泡をわき立たせないように、泡無し酵母というものも開発されて、協会６号から協会601号、協会７号から協会701号、協会９号から901号、以下協会1001号、1601号、1701号、1801号がつくられた。またそのほかに、ソフトで甘いピンク色のにごり酒を生成する赤色清酒酵母というものも頒布されている。

公式に醸造協会から頒布されている酵母だけでも、このほかに焼酎醪用の酵母もあれば、ワイン用の酵母も種々ある。さらに清酒だけに限っても、「自家（社）酵母」と呼ばれる、それぞれの蔵に棲息して住みついた酵母を使っている酒造場もある。

さらに、こうした酒造りに適した酵母は、空気中にもあることから出発して、花や果実から人為的に採取して、酒造に活用する研究も進んだ。

果実の酵母といえば、もともとワインなどはぶどうの実に天然に付いている酵母を使うことで始まったのであるから、いまさら珍しがるにも及ばないが、最近では沖縄あたりでマンゴーの果実酵母から、結構すぐれた泡盛やリキュールが造られているのは注目に値する。マンゴーの酵母は、沖縄県産の果実から採取されて実用化された。従来の泡盛酵母に比べ、古酒に甘い香りを帯びさせるバニリンの濃度の高い特性があり、果実に特有の味の要素を含んでいるのも強みである。

——果実酵母よりも早くから研究が進められ、今では実用向けに開発の拡がりを見せているのは花酵母である。花酵母の研究は、東京農業大学醸造学科教授の中田久保氏が、まだ同大学の助手であったころから約四十数年以上一途に進めてきた。まず清酒の醪中の清酒酵母の形成される要因を究明することから始めて、次に清酒酵母以外の酵母の増殖を抑制する抗菌性物質イーストサイジン yeastcidin の抽出に成功し、この抗菌性物質を使うことによって、自然界にある清酒酵母を分離する方法をつきつめる。さらに自然界で清酒酵母が多く集積されるのは、糖度のある果実や花であるところから、果実と花が探求の対象となる。しかし、果実の場合はワイン酵母が集積されやすいので、花に研究が集中されることになった。

花酵母は、こうした研究の経過をたどって、ナデシコ、ツルバラ、日々草、ベコニア等から、独自の方法によって採取に成功し、現在では、香味に爽やかな特色のあるアベリアはじめ、それぞれの酒蔵のある地域の花からの分離も考慮に入れて、ツツジ、シャクナゲ、イチゴの花、ヒマワリ、カトレア、月下美人、カーネーション、さらにリンドウ、ソメイヨシノ、桃の花、ボタン、さくらんぼの花等々から優良な清酒酵母が分離され、製品化されるに到った。

中田教授の早くからのすぐれた門下で、岐阜県の郡上市白鳥町で元文年間以来の酒蔵を営む布屋原酒造場の原元文はじめ、いまでは花酵母で名酒を生み出している酒造場も数々ある。北から記すと――

八戸酒類㈱菊駒工場（青森、ナデシコ）、天寿酒造㈱（秋田、七種の花酵母を使用）、秋田酒類製造㈱（秋田、平成一七酒造年度より花酵母使用）、月山酒造㈱（山形、ナデシコ）、㈱六歌仙（山形、とくに普通酒に花酵母を使用して成果）、来福酒造㈱（茨城、ツルバラ）、㈱白相酒造（栃木、ナデシコ、アベリア、シャクナゲ、ベゴニア、イチゴ）、森戸酒造㈱（栃木、「十一正宗」に使用）、浅間酒造㈱（群馬、六種類の花酵母使用）、晴雲酒造㈱（埼玉、ナデシコ）、武の井酒造㈱（山梨、ナデシコ）、㈱西飯田酒造店（長野、日々草、ツルバラ）、福源酒造㈱（長野、北アルプスの湧水と自社栽培米、花酵母）、㈱小堀酒造店（石川、鶴来《つるぎ》の名水を生かす花酵母）、天領酒造㈱（岐阜、「ひだほまれ」の米、花酵母）、㈲平瀬酒造店（岐阜、月下美人）、千寿酒造㈱（静岡、ナデシコ、ツルバラ、ベゴニア、日々草）、㈴森本仙右衛門商店（純米山田錦・黒松翁をベゴニアの花酵母で仕込む）。

近畿以西でも、笑四季酒造㈱（滋賀、「うらら花」をシャクナゲの花酵母で）、壺坂酒造㈱（兵庫、純米吟醸「雪彦山・夢」をナデシコ酵母で。ツルバラ、日々草も）、茨木酒造㈴（兵庫、「花の蔵」をナデシコ、日々草、ツルバラの花酵母で）、長龍酒造㈱（大阪、奈良）、諏訪酒造㈱（鳥取、「花のしずく」大吟醸をナデシコ酵母で）、李白酒造㈲（島根、アベリア、シャクナゲ）、中田酒造㈲（岡山、「歓びの泉」本醸造・普通酒等を日々草とナデシコの花酵母をブレンドして吟醸の香味を出す）、中尾醸造㈱（広島、ナデシコ、ツルバラ、アベリア等）、石鎚酒造㈱（愛媛、ナデシコ純米の「石鎚」が好評）、冨安㈴（福岡、ツルバラ花酵母仕込）、天吹酒造㈾（佐賀、それぞれの花酵母の可能性を生かす）、窓乃梅酒造㈱（佐賀、本格焼酎に）、㈾吉田屋（長崎、ナデシコを純米吟醸に、ツルバラを純米酒に、日々草を本醸造に。水は島原雲仙普賢岳からの伏流水）、壱岐焼酎協業組合（長崎、ナデシコ、日々草）、㈴高田酒造場（熊本、球磨焼酎のあさぎり町銘醸、ツルバラの花酵母で従来の米焼酎の殻を破り、あさぎりの花酵母も開発）、㈲中野酒造（大分、ナデシコ）、ぶんご銘醸㈱（大分、ナデシコ）。

花酵母は従来の協会酵母のすぐれた特性とマッチして使われる工夫も、それぞれの蔵で進んでいる。とくに一覧で見るように、本格焼酎の醪造りにも活用されているのでおもしろい。熊本県球磨郡あさぎり町の㈾高田酒造場は球磨焼酎の伝統の酒造場であるが、地元に咲くアサギリの花の酵母を生かして銘も「あさぎりの花」という本格焼酎を出している。

「これまでの米焼酎にない、やさしく華やかな香りが漂います。すっきりと上品な味わいが楽しめます。胸にもたれず、酔いざめもさわやかです。もちろん手造りで、地元の上質米を使用し、石蔵の麹室。一次、二次とも完全カメ仕込み。焼酎造りに最適な米と水に恵まれ、その豊かな自然も一緒に味わっていただければ幸いです」と蔵元の高田敬世さんは話している。

沖縄の泡盛にも、醪造りに花酵母を使って試醸した、という情報も入っている。沖縄ではすでに「マンゴー酵母」の果実酵母が〝花盛り〟であるが、デイゴやチンサグなど独特の花の酵母など脚光を浴びれば、一層楽しいことになるだろう。

五　名杜氏たちに学ぶ

酒を造るのは人である。実は最初に造ったのは雀だったという説もあるぐらいで、いずれにせよ自然の所産でなければならない。

その酒造りの匠《たくみ》は、日本では古くから杜氏《とうじ》と呼ばれてきた。酒を自然から生ませる人である。いまでも、どこかの旧家のご隠居さんの老齢女性のことを名前の下に刀自《とじ》とつける習慣が残っているだろう。あの「刀自」が杜氏の語源である。というのは、『日本書紀』や大化の改新などの昔には、一家の主婦が酒甕を使って家庭用並びに接待用の酒造りを任されていた。彼女たちはそれぞれに刀自と呼ばれていた。これが、奈良の大寺や、畿内の池田、伊丹などで大々的に中・近世の酒造りが進められた際、その酒造りの長《おさ》が「杜氏」と名づけられることにつながったのである。

職人意識の強いドイツ中世流にいえば杜氏すなわちマイスターである。いまでもこの呼び方は日本のビール会社や地ビールの会社などに引きつがれて、いわば「親方」といったところか。日本酒の酒蔵では「おやっさん」という呼び名も普及した。だが、現在では男女を問わない。要は酒を生ませる人だ。

杜氏は酒造りをする手勢（蔵人）を五人、十人、多いところでは何十人も引き連れて近在、あるいはかなり遠くの農・漁の村落からやってきた。江戸時代、とくに元禄や文化文政期には庄屋自ら杜氏となり、村人を蔵人として連れてきた例も但馬などにあった。出稼ぎの始まりでもある。

明治以後、それまで各藩ごとに藩許などで行われていた各地の酒造場が、大蔵省・国税局などの管轄下に置かれることになったが、その数は多いときで一万を越えた。それにつれて、杜氏・蔵人の動員される数も増えることになった。

酒造場が各地に拡がるにつれて、杜氏や蔵人を出す一定の地方、地域も拡がった。まとまって数の多かった地域は、北から挙げれば、秋田の山内《さんない》、岩手の南部（紫波町、石島谷）、新潟（野積、頸城など）、長野（諏訪、小谷）、石川（能登）、福井（糠）、兵庫（但馬、南但）、岡山（備中）、広島（三津）、島根（出雲）、山口（大津）、愛媛（越智）、福岡（瀬高、三潴《みづま》、柳川）、佐賀（肥前、唐津）、長崎（小値賀《おぢか》）、鹿児島（黒瀬）等、以上のうち最後の黒瀬杜氏は焼酎造り専門で、他はすべて清酒造りの杜氏である。なお他にも静岡県の志太《した》杜氏、京都府下の丹波杜氏、兵庫県の城崎杜氏などよく知られていた。

その杜氏の数は、日本の酒生産量が史上最高を示した一九七五年当時、全国で二千八百十人に及んだ。この当時各県各地域出身の杜氏組合もあって、一九七五年次もっとも多かったのは新潟の七百人、岩手の南部杜氏が四百五人、兵庫の但馬杜氏が三百六十三人それぞれ組合に属していた。杜氏の人数だけでみると、一九六〇年代には全国で三千人を越えていた。

これらの杜氏たちが、平均一人が七、八人の蔵人を連れて、全国で三千五百余りあった酒造場で仕事をしたとすると、三万人近い農漁村の人々が動員されていた、ということになる。

厚生労働省的な見方をすると、これらの杜氏並びに蔵人の集団は、農閑期や漁村の休閑期に酒造に携わって、出稼ぎをしていたわけである。事実そのとおりで、丹波篠山《ささやま》に始まったとされるデカンショ節も、「デカンショ、デカンショで半年暮らす」の歌詞で始まる。これは出稼ぎで半年暮らす、あとは家にいて農・林・水産などを行いつつのんびり、という酒男の実態を歌ったものだ。

その酒造場への出稼ぎでどれほどの報酬を得ていたかとなると、杜氏の場合はその経歴や酒造りの実績次第、蔵人のほうは酒蔵の都合によってもまちまちであるが、秋の十、十一月ごろから春の二、三月ごろまで酒蔵で寝起きして三食つきで、その平均総収入は、農家や漁師としての稼ぎとちょうど同じぐらいか、それより上回るのがノーマルだったという。まずは結構な出稼ぎだったのである。デカンショ節の歌詞の後半に「あとの半年寝て暮らす」とあったのも、オーバーな表現ではなかったのだろう。

しかし、量的な問題をもう少しつづけると、この杜氏の数が一九八〇年代以降、とくに二一世紀となってからは激減しているのである。一九八五年にはまだ全国に二千人を越す杜氏がいた。しかし二〇一〇年には七六八人にまで減っている。

お酒の生産量そのものが、一九七五年には一三五〇kℓあったのに、二〇〇〇年には七二〇kℓ、二〇〇八年にはほぼ三分の一の四八八キロリットルまで落ち、酒造場の数も一九七五年には全国に三千二百以上あったのが、それから二十年後には千場あまり減り、現在では稼動しているのは千五百場に満たないという。

したがって杜氏の数も減るのは当然といえば当然であろうが、その減り方には酒の生産量や酒蔵の減り方とは別の何かがある。

たとえば、全国的に杜氏の減少が目立ち始めた平成の初めごろ、岩手の紫波町を中心とする南部杜氏の組合には、なお酒造最盛期に匹敵する四百名近くの杜氏有資格者があり、その吟醸造りなどの腕を見込まれて、岩手県の近隣どころか、遠く関東、中部、近畿、中国地方の各都府県にまでわざわざ南部杜氏を永続的に抱え込んで頼る酒蔵が少なくなかった。

だが、その南部杜氏でさえ、今ではめっきり数は減っている。たまたまこの稿を取材中の二〇一七年二月下旬、私は当の南部杜氏組合のある岩手県の紫波町を訪れてみた。紫波町では、折柄「月の輪」はじめ杜氏のメッカともいわれる町の四つの酒蔵の新酒を囲んで（ワイナリーも一つ加わっていたが）、町長や商工会の会長らはじめ、町の主だった人や働く女性たちも含めて会は盛り上がったが、酒の造り手である杜氏の姿は見えない。

「それは当然ですよ。ただ今あちこちの酒造場に出向いて酒造りの最中ですから」と町の顔役はおっしゃるが、たとえば杜氏の長老など二、三の姿はあってもいいと思われるが、蔵元の人たちはあいさつに立つが、杜氏らしき人にはこの新酒の会では会えなかった。

そこで翌日町役場に現役の南部杜氏さんは何人ぐらい健在かと訊ねると、たしかにただ今は各地に出稼ぎ中であるが、南部杜氏組合に籍を置くのは九十人だとの答えであった。二一世紀に入ってからも三百人前後の杜氏を輩出していた南部杜氏組合が、二〇一七年には九十人にまで減ってしまった。全国で五百人足らずという従来の杜氏組合の中ではなお最多の南部杜氏でさえ、そういう現状なのである。

日本の酒造場は今では千五百である。それでも杜氏集団である南部、新潟、但馬などの代表的な組合に属する杜氏の数が、全国で五百人にも足りなくなっていると、どうやって酒を造るのか、それで果たしていい酒ができるのか、という問題が当然起きる。

この辺りから、杜氏の量から質の問題へペンを切り換えたい。

量の問題で補足をするなら、千五百の酒造場に対して五百人の各地組合所属杜氏しかいないとなると、杜氏一人で平均三ヶ所の酒造場の掛け持ちをせねばならぬ計算になる。実際、三つの酒蔵を見ていて、そうでありながらそれぞれの蔵から名品を生み出している杜氏も知っているが、大方の酒造場では杜氏はなお一人である。灘や伏見の大手の酒造会社の場合は、早くから大学で醸造や発酵を学んだ社員を、製造部で鍛えて部長や研究室長として、杜氏を置かぬ場合もあった。

また紫波町の南部杜氏のメッカに酒蔵のある「月の輪」の横沢家のように、昭和の初年に蔵元の息が杜氏を勤めて、しかも全国で最優秀杜氏の表彰を受け、それが伝統となって、現在も前蔵元（会長）の長女の人が杜氏を勤め、名品の数々を生み出している。このように家業としての酒造りに徹し、しかもかつては女人禁制であった蔵内を、女性が杜氏となって造りを取り仕切っているのも明らかに現代ならではの変革である。他にも大分県日田に名だたる井上酒造で令嬢が杜氏となって、熊本酵母による造りに身命を懸ける姿も見た。

また、各地の杜氏組合の杜氏たちは、多くは近郷から各地の酒造場へ出稼ぎする形であったのが、今では酒蔵のある土地や町から通いの人材で蔵内を固め、その中から勤続して優秀な造り手を杜氏に任用することも多くなっている。

また、造りに熱心な酒造場では、蔵元自らが杜氏となって酒造りを進めるケースも増えている。酒の香味を決めるのは杜氏である。従来の農村出身の出稼ぎ杜氏と比べると、麹屋、槽屋《ふなや》等からの叩き上げ経験には乏しいながら、蔵元杜氏の場合は生い立ちのちがいのせいで、味覚や文化的教養に恵まれていることから、なかなかの逸品も生み出している。蔵元の子弟が醸造発酵系の大学の課程を終えて、実習修業の後杜氏を勤めている蔵も随所にある。蔵元杜氏のメリットは強ち《あながち》雇用の合理化にあるとばかりは言えない。

要は杜氏の意味形態が変わってきている、ということである。

数こそ少なくなり、地元出身の社員杜氏や蔵元杜氏が目立つ時代になったとはいえ、杜氏の存在の大切さは変わらない。酒造りの大切な要因によい「水」「米」を挙げるとしたら、もう一つすぐれた杜氏の「人」を欠かせぬものとせねばならない。この三つがそろわないと、いい酒はできない。

水の項で述べたように日本でこの上ない良水は求めることができる。酒造に好適な米も、兵庫の山田錦や岡山産の雄町米にこだわらずとも、今では各道府県ごとに好適米の開発がなされている。

しかし、いくら水が良く良質の好適米が用意されていても、杜氏という人間の要素が加わらなければ、飲むに値する酒は生まれないのである。

＊＊＊

ここで名杜氏といわれ、今日名声高いすぐれた酒造りを築いた人々の事蹟ともいえることを記しておこう。

南部杜氏の神様とまで言われた宮城県塩釜の平野佐五郎の逸事としては、実際に一九五〇年代に会って話を聞いたとき、「掃除をまずしましたな」と言われたのがいまも記憶に残っている。平野氏は初めて「浦霞」の佐浦家の酒蔵に選ばれて入ったとき、まず徹底して蔵内の清掃に努めた。自ら雑巾を持って、階段の一段一段拭き掃除をし、蔵の天井から床の隅々まで見違えるほどきれいにした。雑菌も排除した。そこから改めて酒造りを始めた。そうしなければよい菌も万全に働かないのである。一九六〇年代という早い時期に、かくてストロベリーの香りとも呼ばれた名吟醸も生み出されるに到るのである。

能登杜氏三羽烏という言葉もあった。いまもその一人の中三郎杜氏は石川県白山市の「天狗舞」の車多酒造に健在で、同じ石川県の「常きげん」その他で名声を博した農口尚彦、静岡県掛川市の「開運」で長く働いた生前の波瀬正吉両杜氏とともにすぐれた技能を称えられてきた。中杜氏は現在も「天狗舞」の造りをとりしきり、能登杜氏の技能コンクールでも幾度となくトップに輝いてきたが、多くは語らない。これは名杜氏といわれる人たちに共通の特性だが、身を以て造る。口で語らないが、身体が語るのである。出来上がる酒はことごとく飲み口しっかりとキレもよい。常に力のある名品であるが、ご本人は「これはと思う酒ができたのは若いときに一度ぐらいありましたかな」とおっしゃる。二十代で杜氏となって、車多酒造に五十年以上勤続する名杜氏にしてこの言葉ありである。しかし、「麹室《むろ》での二十四時間は一分一秒たりともおろそかにできません。目が放せません」と重い口を開いて語った。麹室の温度・湿度の一度の高下も手放しにはできない。「この段階で、できる酒の運命は決まるのですから」とつづけた。

蔵人の係りで、麹造りにたずさわる人を「麹屋」と呼ぶ。麹屋出身の杜氏に名杜氏が多いと言われるのはこの辺から来ているのだろう。麹がよくて、酒母もすばらしくなるのである。とにかく名杜氏ほど語らない、身体で教える。信州大町に「白馬錦」というレギュラー酒もすばらしい蔵がある。いまや時めく飛騨古川町の「蓬莱」の渡邉久憲蔵元なども、この蔵で修業したものだ。そのころ、「白馬錦」には近くの小谷町から来ていた猪又賢二という名杜氏がいた。長野県下では諏訪とともに小谷もすぐれた杜氏を輩出したところだが、その中でも後世名を残した猪又杜氏（二一世紀初頭まで健在だった）も口では何も教えない。しかし、酒造りの桶など洗うのに使うささらの扱い方一つでも、いい加減なやり方をしていると、脇から自分で「そうじゃない、こうするんだ」とぴしっと使って見せて、身を以て教えた。教わる側も修業中の身に応えた、という。

かくて造りに杜氏を欠くことはできない。酒蔵の経営にも欠くことはできない。先代の残した借金で経営困難となった酒蔵のために、ほとんど毎年奉仕的に酒造りをして、しかも評判の名酒を生み出し、建て直しに貢献した杜氏すらある。また、すぐれた杜氏がそのまま蔵元となって名酒の酒蔵となった例も、徳島、高知などにある。

蔵元が杜氏を勤めるのも、今ではごく自然なことになり、とくに大学で醸造・発酵を学んだ若手の蔵元や、蔵元の後継が少なくないが、もともと杜氏であった人が酒蔵を築いた場合も少なくない。こうなると、杜氏はもともとあった出稼ぎ労働職のイメージすらすでにくつがえってくる。

九州肥前の井上満杜氏は、能登に名だたる農口尚彦（「菊姫」「常きげん」などで六十余年名酒を育てた）の後継とまで目される名杜氏であるが、佐賀肥前町の出身でありながら、南部杜氏の名声を聞いて、遠くの宮城で健在だった平野佐五郎大杜氏の足下に学んだ。その間に、福岡の名門修猷館高校や慶応義塾（大学）の通信教育で理数・化学・教養の勉学を怠らず、三十になるかならぬかで杜氏となり、早々と福岡国税局管内の鑑評会で首位局長賞、平成初期の「特選街」コンテストでも、佐賀鹿島の馬場醸造場にいて、日本一の栄冠を得た。

井上杜氏は現在「造る酒はすべて名酒・名品ならざるはなし」といわれるほどの実力の持ち主だが、それでも当人は「この上いい酒を造るにはどうしたらいいのか」と悩んで、地元唐津の寺に参禅までした。悩みを打ち明けると、禅師はこう言った。「この上いい酒を、などと思わなくてよいでしょう。酒は飲まれるもの、飲むものです。飲める酒ができたらそれで十分ですよ」。そう諭されて井上さんは心気一転した。

「そうか、飲むに値する酒造りをつづければいいのだ」

日本酒は誕生して五千年。近在の弥生時代の吉野ヶ里遺跡に米作の跡を見るにつけ、唐津の桜馬遺跡を思うにつけ、米の文化、酒の文化をこの上とも引き継ぎ、酒でいえば純米酒、酵母でいえば熊本の9号酵母を大切に、井上さんは不滅の酒造りをつづけている。飲むに値する酒を造る、その人が杜氏である。

六　全国酒類コンクールと現代日本名酒番付

現在の全国酒類コンクールを立ち上げたのは一九八九年（昭和六四、平成元）である。私はまだまだ日本酒についての一般の人々への啓蒙が足りないと考え、初め二回は静岡（沼津）と福岡（太宰府）を主会場とした。それぞれ酒類コンクールを行ない、日本酒部門のほかに、本格焼酎、ビール、国産ワインの審査も行ない、審査長に元国税庁醸造試験所長の野白喜久雄氏を迎えた。

当時私は日本ペンクラブの国際委員だったので、海外諸国で開かれるペンの大会に参加する機会が多い。その度に痛感するのは、一九八〇年代の世界各地、代表的なヨーロッパの諸都市にさえも、いい日本酒が輸出されていない、という現実だった。私は海外への日本の酒類のアピールをしなければならないと考え、一九九一年（平成三）以後、イギリスのロンドン、フランスのパリ、オーストリアのウィーン、万国博の開かれたスペインのセビリア等々で酒祭りを開催するとともに、ロンドンならばワイン評論家のベン・ジョンソンや、ハロッズの酒類バイヤーを審査員に加えるなどして、そのつどコンクールを開いた。第七回であったか、カナダのオタワで開いたときは、カナダの日本大使館の協賛を得て、有識者十人余りの参加を得て、結果はマスコミでも報道された。それまでもロンドン、パリ、ウィーンなどでのコンクール結果は、共同通信を通じて日本の国内紙でも報道されていた。

一九九五年（平成七）、ドイツのデュッセルドルフ、フランスのパリで連動して開いた酒祭り・コンクールの際には、NHKの国際放送のテレビスタッフが同行して、NHKの四十五分番組として報道された。

この間私は、コンクール当初から酒類輸出入の免許もとり、ヨーロッパ各地の田舎町や教会などの知られざる〝地ワイン〟を輸入するとともに、日本のすぐれた地酒の輸出に努めた。

二一世紀に入り、二〇〇一年（平成一三）から、日本の国内での日本酒の低迷が云々されるようになり、その振興のため酒類コンクールも久々に日本に帰ってきて、京都で催された。さらに翌年からはさらなる日本の酒類の興隆を目指し、『特選街』誌の「日本酒コンテスト」も吸収する形で、毎年春秋に全国酒類コンクールを開催することにした。二〇〇四年（平成一四）春秋には参加四百社を越え、以後民間では最大規模の酒類コンクールとして、二〇一八年春季で通算第四十六回を数える。

「このコンクールの出品酒は、みなハイレベルですな」

と国税庁新酒鑑評会で金賞最多クラスの名だたる銘醸の蔵元がもらされたことがある。

主催者としてそういうことを意識してはいないが、新酒鑑評会の金賞酒であろうと、外国の知名度のある酒類コンテストで入賞されていようと、私どもの全国酒類コンクールでは銘柄は一切隠してする〝ブラインドテイスト〟で審査・評定を行なっており、銘柄を知ることによる先入観や情実を一切排除している。

採点に当たっては、香味色調その他について、一項目について十点満点であるなら、〇・一まできちんと評点している。

商品・製品としての物理的評価だけでなく、造りに当たっての製造主の意欲、さらには新製品などの独創性、製品企画の斬新など、無心の審査員それぞれにアピールする（訴える）ものがある出品酒については、個性点を加味する。

このような基本方針で審査員は評価に当たるから、いきおい難しいコンクール、ハイレベルの印象や結果を生むのかもしれない。審査員の名前は公表しないが、国税庁醸造試験所の元所長、国税局鑑定官室長等の経験者、元鑑定官、各大学醸造・発酵学研究者等の学識経験者から選んで各回ごとに何人かずつお願いしている。近年は女性の審査員も加わっている。もちろん醸造学の正規の研究者で造りの経験もある人である。

この審査員たちには、たとえば日本酒であるなら、審査していてその製品の原料米は何であるのか、仮に「山田錦」であっても、それがどこ産のものであるか、産地までピタリ当てる鑑定官出身者もいる。醸造のどの過程で、何度で推移したからこういう結果になった、というふうに推理されて、あとで蔵元に照会してみるとそのとおりだったこともある。そうした厳密さを審査員たちは具えている。

コンクールを長くつづけているといろいろなことがある。五人、六人の審査員がそろって最高点をつける出品酒は滅多にない。半数以上の審査員が抜群の評点をして一位となり、これは特賞にしましょうという相談になることもある。だれか一人の審査員が最高点をつけても、他の審査員の評点がそろわず、三位ぐらいに甘んじることはよくある。逆にどの審査員も突出した評価はしないのに、無難な評点を集計するとトップクラスの総点になることもある。審査員もうれしくなるのは、日本酒でいえば本醸造、純米酒、純米吟醸、純米大吟醸、普通吟醸、大吟醸など複数の部門で、いずれも特賞、一位、二位など出品酒類がいずれも高位入賞に輝いている銘柄を、審査結果として知るときである。そんなときは、その銘柄だけでなく日本酒そのもの、本格焼酎そのものの目覚しい興隆を見たように躍り上がりたくなる。

ここで往時の玉錦・双葉山・栃若・大鵬・柏戸・北の湖時代の大相撲を懐古しつつコンクールを通じて、卓越した香味、風格、忘れがたい名酒、あるいは出品酒そろって傑出した日本酒や本格焼酎、泡盛、地ビール、リキュールの銘柄を選出して、相撲番付ふうにお目にかけたい。これは二〇一七年末現在の作成である。

現代日本名酒番付

（一）日本酒の部（小結以上）

東		西	
横綱	浦霞（宮城）	横綱	酔心（広島）
横綱	蓬莱（岐阜）	横綱	香露（熊本）
大関	白馬錦（長野）	大関	倉光（大分）
大関	秀鳳（山形）	大関	宮の松（佐賀）
大関	清泉（新潟）	大関	喜楽長（滋賀）
関脇	白真弓（岐阜）	関脇	群馬泉（群馬）
関脇	美冨久（滋賀）	関脇	桃川（青森）
小結	如月（青森）	小結	大雪渓（長野）
小結	寶川（北海道）	小結	水尾（長野）
		小結	弥栄鶴（京都）

勧進元　関脇

越乃寒梅（新潟）

西の関（大分）

天狗舞（石川）

沢の鶴（灘・兵庫）

キンシ正宗（伏見・京都）

（注）三役には本文に紹介の銘柄（北海道から九州まででみな登場可能、さらに上を目指しうる。

（二）本格焼酎の部（小結以上）

東	
横綱	いいちこ（大分、三和酒類、麦）
横綱	豊永蔵（熊本、豊永酒造、米）
大関	伊佐大泉（鹿児島、大山酒造、芋）
大関	久寿（三重、宮崎本店、麦）
関脇	松の泉（熊本、松の泉酒造、米）
関脇	高千穂・零（宮崎、高千穂酒造、麦）
小結	初代百助（大分、井上酒造、麦）
西	
横綱	東肥・一本槍（熊本、瑞鷹、麦）
横綱	醑30年古酒ブレンド（熊本、房の露、米）
大関	甕王（大分、ジェイジェイ、芋）
大関	球磨拳（熊本、恒松本家、米）
関脇	雪原（山形、古澤酒造、ソバ）
関脇	男の勲章（岡山、宮下酒造、米）
小結	心ゆくまで（熊本、河津酒造、芋）

勧進元

キャプテン・キッド
（鹿児島、喜界島酒造、黒糖）

加那（鹿児島、西平酒造、黒糖）

鶴の国（鹿児島、出水酒造、芋）

魔界への誘い（佐賀、光武酒造、芋）

峠（長野、橘倉酒造、ソバ）

☆**泡盛部門**

横綱　松藤・限定古酒（崎山酒蔵廠、金武町）
横綱　玉友・甕仕込（石川酒造、小那覇）
大関　暖流（神村酒造、嘉手苅）
大関　琉球プレミアム（新里酒造、うるま）
大関　うでいさんの酒（宮里酒造、伊良部）
関脇　珊瑚礁（山川酒造、本部町）
関脇　珊瑚の森（瑞穂酒造、首里）
小結　美しき古里（今帰仁酒造、今帰仁）
小結　久米仙（久米島の久米仙、久米島）
小結　久米島（久米島酒造、久米島）
小結　まさひろ（まさひろ酒造、糸満）

勧進元
熱き島唄（咲元酒造、首里）
久米島の久米仙
㈱久米島の久米仙、久米島）

☆地ビール部門・ベスト10

独歩ビール（宮下酒造㈱、岡山）
ネストビール（木内酒造資、茨城）
宇奈月ビール（宇奈月ビール㈱、富山）
湖畔の杜ビール（㈱トースト、秋田）
伊勢・神都ビール（伊勢角屋麦酒、三重）
八ヶ岳フロンティアビール（萌木の村㈱、山梨）
登別地ビール・鬼伝説（わかさいも本舗、北海道）
道後ビール（水口酒造㈱、愛媛）
若狭ビール（㈱千鳥苑、福井）
杉能舎ビール（濱地酒造㈱、福岡）

☆リキュール部門・ベスト10

ゆず兵衛（㈲船坂酒造店、岐阜）
古酒仕込み梅酒（沢の鶴㈱、兵庫）
フルーツ工房パッション（名新里酒造、沖縄）
雪りんご（桃川㈱、青森）
モカ☆フシギ（藤居酒造㈱、大分）
ドラゴンフルーツ梅酒（㈱石川酒造場、沖縄）
閻魔梅酒（老松酒造㈱、大分）
コーヒースピリッツ（名新里酒造、沖縄）
天空の月（老松酒造場㈱、大分）
茅葺・梅酒（木下醸造所、熊本）

第二章　日本の誇る酒　北から南まで

北海・男山《おとこやま》

男山㈱
〒079−8412　北海道旭川市永山二条七丁目六四番一号
TEL 0166（48）1931　fax 0166（48）1910

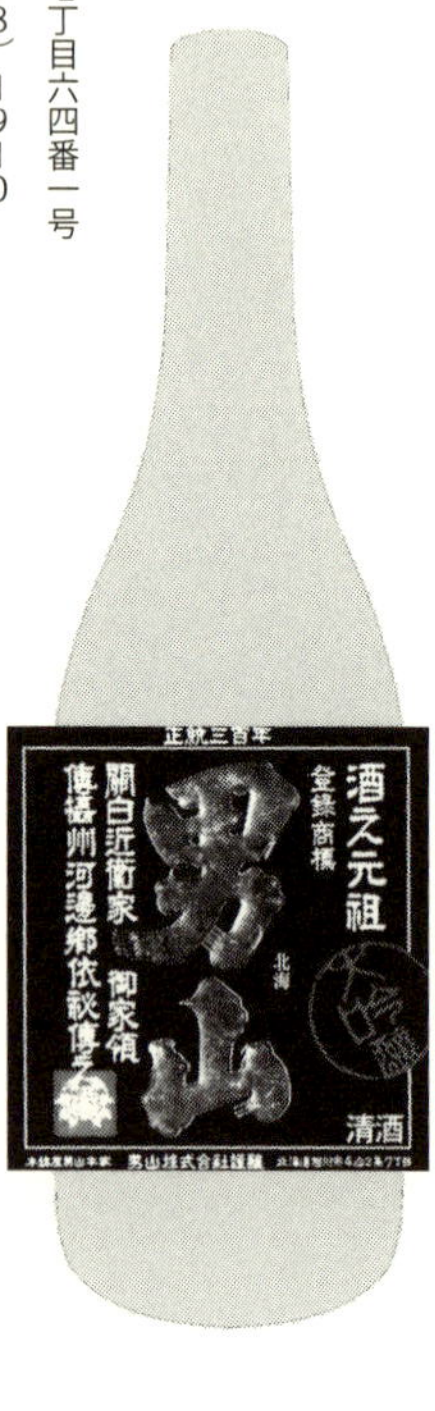

「男山」という銘酒そのものは、江戸時代の寛文年間（一六六一〜七三）伊丹で醸造を始め、将軍家の愛飲酒となり、歌麿の浮世絵にも描かれた。現在は各地にその「男山」の銘を継承する蔵がある。北海道旭川の「北海・男山」はその実力・歴史から代表的な「男山」である。「北海・男山」は大雪山の伏流水を使って、早くから精米歩合も高めに、昭和四〇年代から糖類無添加を強調した。当時の東京農大の品評会でも昭和五一年（一九七六）に全国第一位、歴年五年でダイヤモンド賞を受けている。

以後現在に到るまで「北海・男山」は世界を舞台に、海外のコンクールでも一九七七年の初出品で受賞して以来、毎年毎年入賞・金賞ならざるはなく、世界の「ＳＡＫＥ」として勇名を馳せてきた。品質の高い日本酒の海外進出の先駆の役割も果たしている。

欧米の酒類コンクールの中でも難関とされるヨーロッパ国際ワイン&スピリッツコンペティションでの入賞はとくに光る。歌麿原画の「哥麿乃名取酒」ラベルの特別純米酒は、四十数ヶ国からの出品酒類中最高点も記録した。

伊丹の「男山」の歴史も大切にしている。旭川市永山二条七丁目(旭川駅から車で十五分)の「北海・男山」の酒蔵には「男山酒造り資料館」があって、「木綿屋男山」の三百数十年の伝統を受け継ぐ昔ながらの酒造りの道具の数々、槽《ふね》とよばれるテコの原理による酒搾りの機具や、キツネ樽、暖気樽《だきだる》などを展示している。「男山」の由来を伝える古文書や、「名取酒」の浮世絵ラベルの原画となった歌麿や国貞の浮世絵、頼山陽の直筆、葛飾北斎の掛軸等、貴重な資料も展示。入場は無料。

一月には新成人への「純米大吟醸」一杯無料提供、二月は第二日曜に酒蔵開放、八月には七夕と曲水の宴に生酒の盃、九月には延命長寿の水として大雪山の雪融の伏流水の名水を市民への提供等々、十月の日本酒の日(十月一日)の「男山酒造り資料館」来館者への振舞い酒もあり、「北海男山」は年中無休でサービスにも努めている。

代表名酒は「純米大吟醸・北海道男山」。一九七七年以来海外の酒類コンクールでゴールドメダル連続受賞。

宝川《たからがわ》、北の一星《いっせい》、カムイトノト

曲ィ田中酒造㈱
〒047－0016　北海道小樽市信香町二－二
TEL0134（21）2390　fax0134（21）2424

曲《まが》ィ《い》の屋号を持つ小樽の田中酒造は、明治三二年（一八九九）創業。明治の北海道開拓がいよいよたけなわとなろうとしたころである。かの石川啄木（一八八六～一九一二）が、函館、札幌を経て、初めて小樽に住んで『小樽日報』の創刊に関わったのも明治三七年（一九〇四）のことであった。そのとき啄木はドイツ船へーレン号に乗って小樽に上陸したという。水運によって発展しつつあった小樽をしのばせる動静である。啄木の歌碑が今も小樽港を見渡す町の高台にある。そして、小樽発展の象徴の一つともいえる石造り倉庫群の中に、亀甲蔵として知られる「宝川」の曲ィ酒造が、若い女性たちの人気を集めて客の訪れもひっきりなしに、酒造りはいよいよ盛んに続けられる。

その品質も道産酒のトップを行く。

なかでも「寳川・大吟醸」は、道産の酒造好適米彗星を一〇〇％原料米として使い、二〇一二年春季の全国酒類コンクールの吟醸・大吟醸部門で堂々第一位となり、道産米使用の優勝第一号を飾った。レギュラー酒部門で全国首位に迫っているのも刮目される。やはり道産酒造好適米の「彗星」を五〇％精米して仕込んだ「北の一星」も、華やかな香りと米の旨みのバランスもすぐれ、抜群の評価を得た。

さらにもう一つ特筆すべきは「カムイトノト」というアイヌ伝承酒の復活を遂げたことである。「カムイトノト」の「カムイ」は「神様」のアイヌ言葉、「トノト」は同じくアイヌ語の「酒」のことで、「神様の酒」という意味である。

おもしろいのはこの「カムイトノト」は、アイヌ民族独特の伝承酒で、もともと稗《ひえ》でつくったそうである。そこで曲ィ田中酒造ではこの「カムイトノト」をアイヌ民族の伝承どおり六〇％を稗を原料にし、米麹によって造った。三〇〇㎖の小びん入りであるが、でき上がりは、見たところヨーグルト酒のような質感があって、飲んでみるとまことにコクがあり、独特の風味がアイヌの人びとの神事を中心とした祭りの日を偲ばせ、趣き深く楽しい。飲むほどに陶然となってくる。曲ィ田中酒造の意義深い功業を称えておきたい。

八鶴《はちつる》、如空《じょくう》

八戸酒類㈱
〒031-0086　青森県八戸市八日町一
℡０１７８（４３）００１０　fax０１７８（４３）０３１３

　八戸の「八鶴」は青森、東北地方でも有数の名門。創業も天明六年（一七八六）、今から二百三十年以上前にさかのぼる。初代河内屋八右衛門に始まり、蔵元は代々橋本八右衛門を襲名して現在九代目。

　その間、本業の酒造はもとより、幕末の時代には八戸藩の財政も支え、一族から画家、書道家、文人も輩出し、さらには梅園、温室の経営にも貢献した。明治中期から大正期にかけての六代目は青森県初の水力発電所の創立に尽くし、家業の酒造についても速醸酛発見の醸造技術の先駆者江田鎌治郎を招くなどして、大正九年（一九二〇）発売の「八鶴」に数々の受賞の栄誉をもたらした。製氷事業にも取り組み「みしまサイダー」の名で出した湧水活用のサイダーも人気を博した。

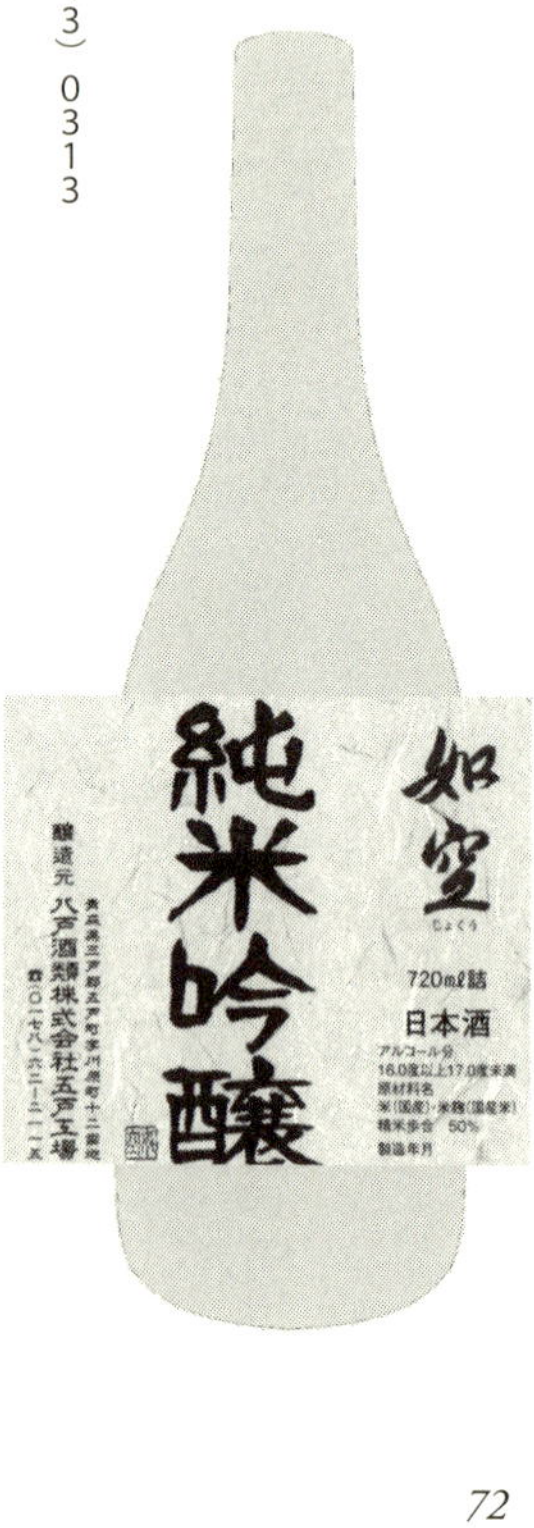

七代目橋本八右衛門は旧制一高文乙（ドイツ語クラス）から東大法学部を出て、戦中・戦後の困難な時期、酒造りの近代化を進め、商工会議会頭や青森県酒造組合連合会会長などを務めて、地域経済の振興に貢献した。先代の八代目八右衛門は、平成九年（一九九七）に文化財の指定を受けた旧社屋事務所（一九二四年建設の河内屋橋本合名会社事務所）を、街づくりに寄与するために市中目抜きの八日町交差点近くに移築し、そのアールデコ調の建物の中で、居酒屋レストラン「誇屋《ほこるや》」を設けて、市民にサービスした。今は観光名所にもなっている。

「八鶴」の酒質・酒味にはゆるぎもないが、八戸から車で三十分ほどの五戸の工房で造る「如空」の評判が高い。二〇一七年春の全国酒類コンクールで「如空」の純米吟醸と大吟醸が初めて出品され、どちらも激戦の純米吟醸・純米大吟醸部門、普通吟醸・大吟醸部門で、抜群の第一位となった。

「如空・純米吟醸」は山田錦を五〇％まで磨き、地元米「華想い」を掛け米として南部技法による長期低温発酵で雪深い風土も生かした造り。奥行きのある味わいと吟香が光る。

「如空・大吟醸」は山田錦を四〇％まで磨き、K1801酵母で仕込んだ。全国新酒鑑評会金賞三〇回の実績もさることながら、上品な香り味のよさで傑出。

「如空」の上井裕文杜氏は地元八戸出身、山廃仕込みにも力を入れ、山廃造りによる本醸造も、香味の調和がとくにすぐれている。

桃川《ももかわ》

桃川㈱
〒039-2293　青森県上北郡おいらせ町上明堂一一二
TEL　0178（52）2241　fax0178（52）3145

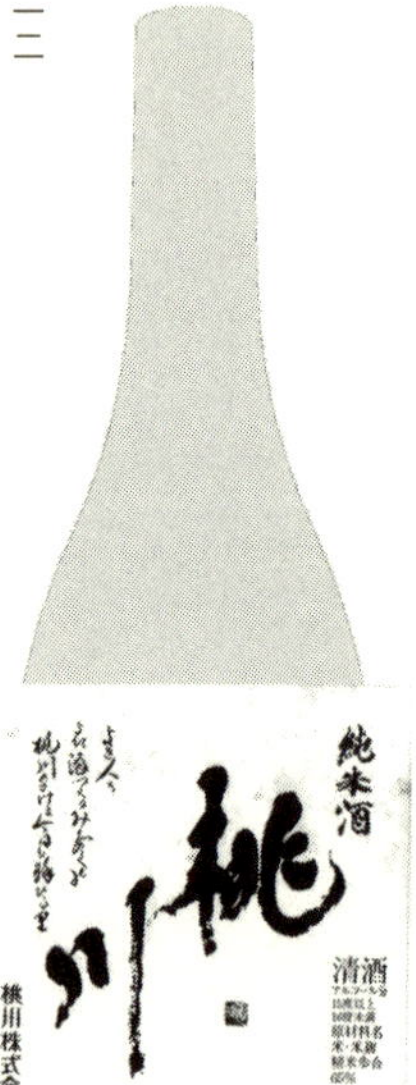

「桃川」は明治二二年（一八八九）の創業。清冽な百石川《ももいし》（今の奥入瀬川《おいらせ》）の伏流水で仕込むので、その川の名から酒銘が生まれた。

この蔵の強みは、南部杜氏の第一人者ともいわれる小泉義雄杜氏（日本醸友会功労賞受賞、青森県卓越技能者）が取締役として健在で、すべての造りを懇切に統轄し、自ら造りに粉骨砕身していることであろう。何しろ、南部杜氏鑑評会で八年連続首位知事賞はじめ受賞六十数回、全国新酒鑑評会でも杜氏就任後十三年間に金賞九回。その後五年連続金賞も記録した。

全国酒類コンクールの日本酒部門でも早くに「桃川」純米酒や大吟醸純米「倭武多《ねぶた》」が第一位となり、常に一位、高位に入賞して、最近の二〇一七年春季にも、「ねぶた・特別純米」が純米酒部門の第一位、「桃川」大吟醸純米も第一位を占めている。小泉杜氏がすぐれた技能者であるだけでなく、蔵人中十三名が杜氏有資格の一級技能士（女性一名を含む）であるのも、全国の酒造場通じて類のないことである。

また、最近は日本酒以外にも、名産の青森りんごを生かした「雪りんご」（リキュール）など、「桃川」ならではの旨いヒット製品を出して、女性にも大いに人気を博している。

▽「桃川純米酒」　青森県産米の「まっしぐら」を五五％まで精米して、まほろば吟醸酵母で仕込んだ。米の旨みも生き生きと、コクも快く楽しめる純米酒である。

▽「桃川大吟醸純米・華想い」　原料米は青森県産の「華想い」。四五％まで精米して、まほろば吟醇酵母で仕込む。華やいだ香りが実に爽やかで、口にすると米の旨みを生かした純米大吟醸ならではのたおやかな味わいと、含み香がほんのりと楽しく飲みつづけられる。冷で旨く、常温でも落ち着いて味わえる。

▽「桃川・雪りんご」　リキュールの新製品である。原料は清酒（にごり酒）と濃縮したりんごの果汁。でき上がりはアルコール度七・五％だが、それすらも感じさせぬほど爽やかでこの上なく美味なりんごによるドリンクとなっている。ミネラル分たっぷりのフルーティな飲み心地は、だれにとっても快く、至上の味わいである。

月の輪

㈲月の輪酒造店
〒028-3303　岩手県紫波郡紫波町高水寺向畑一〇一
TEL０１９（６７２）１１３３　fax０１９（６７６）５０１１

「月の輪」の月の輪酒造店・代表取締役社長の横沢孝之さんの名刺に、「企業としてではなく家業として」という言葉が刷られていた。

「月の輪」の名酒ぶりを知ったのは三十年も前、『特選街』という雑誌の日本酒コンテストの審査員を務めていたときだ。全国からの数々の地酒の中でこの「月の輪」はとくに光っていた。しかも名だたる南部杜氏の故郷岩手県紫波町の、その杜氏の里の産と知って、なおさら注目した。岩手県にはもう一つの南部杜氏の里・石鳥谷《いしどりや》があって、やはり前に訪れたが、いまは花巻市に含みこまれた稗貫《ひえぬき》郡の村落であった。が、紫波町は盛岡から東北本線で五つ目が紫波中央駅で、一部は盛岡のベッドタウンになっている。

月の輪酒造は、盛岡への街道沿いの田地を背後にした旧家のたたずまい。先祖は若狭から来てこの土地に住み、酒造りを営むに到った家柄。横沢家は大造蔵元で七代目。元は麹屋を営んでいたが、四代目の横沢徳市が明治一九年（一八八六）酒造を起こした。代々蔵元自身酒造りに携わり、横沢大造蔵元もオーナー杜氏として指揮を執り、いまは一人娘の裕子さんが専任杜氏だという。会社の横沢孝之社長は、お婿さんなのである。

代々使いこんできた酒母造りから搾りまでの機器にも、蔵元と杜氏が一心同体でありつづけた蔵のものならではの工夫がこらされていた。その辺が「月の輪」の独自のすぐれた品質に結実している。

▽「月の輪・宵の月・大吟醸」　原料米岩手産「吟ぎんが」、精米歩合五〇％。酵母岩手2号。日本酒度プラス四。酸度一・二、アルコール度一六・五％。

▽「月の輪・純米吟醸・愛山」　原料米岩手産「愛山」、精米歩合五〇％。日本酒度プラス五。酸度一・六、アミノ酸一・〇、アルコール度一六・五％。

▽「月の輪・無農薬米酒」　原料米岩手産「ひとめぼれ」、精米歩合六五％。酵母岩手2号。アルコール度一五・四％。

浦霞《うらかすみ》

㈱佐浦
〒985-0052　宮城県塩竈市本町二-一九
TEL ０２２（３６２）４１６５　fax ０２２（３６２）７８９５

宮城県塩釜の「浦霞」の佐浦家の創業は享保九年（一七二四）、名酒の歴史燦然と輝く。昭和六年（一九三一）に全国新酒鑑評会で第二位となり（一位、「月桂冠」）、三位に入った「鳳山」とともに宮城県酒の名を高めた。

「浦霞」の名声がさらに高まったのは、戦後間もなく、のちのち日本を代表する名杜氏といわれ、杜氏の神様とも敬愛されるに到った南部杜氏・平野佐五郎が杜氏となって以来である。

平野佐五郎杜氏は、蔵に来るや自ら率先して蔵のすみずみまで雑巾がけすることから始めて、造りを刷新した。「浦霞」は平野佐五郎によって、東京滝野川にあった国税庁醸造試験所主催の全国品評会で、昭和三二年以降首席となること六回、東京農大での品評会でも連続五回金賞となってダイヤモンド賞を受けた。「浦霞」はこの時期から東の横綱格となるのである。造る酒の香味は群を抜いた。とくに平野杜氏苦心の芳香はストロベリーの香りとも謳われ、ワインのように果実を原料としないのに、快い果実香をその酵母は育む。この「浦霞」の酵母は協会12号酵母として頒布されるに到った。

平野佐五郎杜氏は、昭和三九年（一九六四）以後は技術顧問となり、甥の平野重一杜氏が後任として、先代の佐浦茂雄蔵元から現在の十三代目佐浦弘一蔵元にかけての「浦霞」を、ますますすぐれた名品にした。伯父の佐五郎杜氏にも、その後を継いだ重一杜氏も何度か会って話を聞いたが、ともに「これでいいと思ったことはない」と語ったのが印象に残る。酒類コンクールのスタッフに東京農大時代平野重一杜氏のもとで実習した人がいるが、重厚な人柄で決して「こうしろ」とは教えないが、こうしてはいけないということは即座に自分でやって見せて注意してくれたそうである。弟子の杜氏何十人といわれた師匠佐五郎杜氏もそのように身を以て教えたのであろう。いまは本社蔵杜氏は小野寺邦夫さん、平成六年（一九九四）に建てられた東松島市の矢本蔵には赤間勲さんの二人の杜氏が、蔵人それぞれの持ち味を引き出しつつ、そのバランスと人の和が、ますますの酒の味わいを造り出している。

全国酒類コンクールでも、佐五郎翁以来伝承の香りと味わいの芸術品、「浦霞・大吟醸」は二〇一六年秋季第一位特別賞、味わいのよさが際立った。「山田錦・純米大吟醸・浦霞」も二〇一七年春季のコンクールで第一位特別賞。香味のバランスの良さに加え、とくに「山田錦」ならではの豊穣感が何にも替えがたい。「浦霞・禅」（純米吟醸）も健在である。

鳳陽《ほうよう》

（資）内ケ崎酒造店
〒981-3311　宮城県富谷市富谷新町二七
TEL　022（358）2026　fax　022（358）6208

「鳳陽」の内ケ崎酒造店は宮城県下で最古の寛文元年（一六六一）創業、旧黒川藩の家老も務めた家柄である。酒蔵も、富谷宿と呼ばれた宿場の風情を残す奥州街道沿いに、慶応年間に建てられた白壁の蔵を長く連ね、以前衆議院副議長を務めた内ケ崎作三郎の生家の味噌造りの家と向かい合っている。

前には酒造歴五十年以上に及んだ南部杜氏の及川茂さんが名酒を育んだが、今もそのあとを継いだやはり岩手出身の瀬川博忠杜氏が、伝承の木製の道具を使って、手造りの酒造りにいそしむ。酒銘の「鳳陽」の鳳は中国の伝説の鳳凰の鳳と、唐の故事「鳳鳴朝陽」の陽を続けたもの。家運隆盛の願いが込められているという。時代に流されず、手造りにこだわり酒の香もゆったりとやわらかな味わいを醸しつづける。

なかでも「大吟醸鳳陽・山田錦」は、全国酒類コンクールの大吟醸部門で夙《つと》に第一位の王座を占め、おだやかな上立香《うわだちか》と、ふくらみのあるのびやかな味わいで審査員たちを魅了した。

そのほか「特別純米酒・鳳陽」は、原料米の精米歩合五五％で実質は純米吟醸なみ、口当たりも味わいも実にしっくりと品があって旨い。

「特別本醸造・鳳陽」もやはり精米歩合五五％で造り、キレ味のよい爽快感が楽しい。

太平山・天巧

小玉醸造㈱
〒018-1504　秋田県潟上市飯田川飯塚字飯塚三四—一
TEL０１８（８７７）２１００　fax０１８（８７７）２１０４

西の広島酒に対して東の秋田酒——秋田県湯沢市の「両関」や秋田市の「新政」が、大正から昭和にかけての戦前の清酒鑑評会に雄飛して、秋田酒の名を高めたことは、酒造史上普《あまね》く知られていることである。

もし現在、その秋田酒の優位をただ一品で知りたい、と問われたら、「太平山」の純米大吟醸「天巧」をおすすめしたい。「太平山・天巧」の醸造元・小玉醸造は前記の「両関」とも親戚筋に当る。また先代蔵元の小玉順一郎氏は、日本酒造中央会の会長も務めた。家柄としても申し分ない。「太平山」の名も広く知られている。蔵元・小玉醸造は、味噌醤油の醸造も明治初年から行って、大正二年（一九一三）から清酒の醸造を始め、「太平山」を主銘柄とした。品質はもとより、モボ・モガの近代風俗が流行った昭和初年には、コップ酒などもいち早く販売して、列車売り

をし、新しい酒販のあり方でも尖端を切った。

赤のれんにおける「太平山」の普及も戦後の時期を画したが、いまや「太平山・純米大吟醸・天巧」は、識者の間でも、また酒類コンクールを通じても、酒界最高レベルの名品と評価が高い。

▽「太平山・純米大吟醸・天巧」　兵庫県産の「山田錦」を四〇%まで磨いて、AK1の自社酵母を使って仕込む。その上秋田流の生酛《きもと》仕込みで、念入りに米の旨みを引き出している点に特色がある。華やぐ香りの快さとともに、すっきりとした飲み口と味わいが、飲む人を至上の境地に誘い入れる。

秀鳳《しゅうほう》、吟酔匠《ぎんすいしょう》

㈲秀鳳酒造場
〒990-0063　山形県山形市山家町一‐六‐六
TEL０２３（６４１）００２６　fax０２３（６２２）８１９２

「秀鳳」は今や名だたる名酒である。全国酒類コンクールでも、他の鑑評会でも必ず第一位やそれを越える特別賞や金賞を獲得する。単に優等生の酒でなくて、たとえば無濾過で仕上げた「雄町」や「美山錦」が原料のお酒や、純米大吟醸古酒など、他に真似のできない技法と個性に裏打ちされているからすばらしい。

酒蔵のある山形市の山家《やんべ》は、山形市の山形駅と西村山郡大江町の左沢を結ぶ左沢《あてらざわ》線の北山形の駅からが近い。冬期は寒冷で酒造りの絶好の自然条件に恵まれる。蔵王山系の水よく、米どころでもある。「出羽燦々」「はえぬき」「恋おまち」など県で新開発した酒米も豊富にとれる。創業は明治二三年（一八九〇）、武田荘一蔵元は四代目。

武田荘一蔵元の造りに熱心なことは驚くばかり。酒類コンクールの一般公開テイスティングにも遠く山形から新幹線で参加して、全出品酒を利き酒する。とくに高位入賞酒とおぼしき酒の前では、香り味わい念入りにその長所を探り当てようと、首をかしげたり、納得するまで動かない。敬服するほかはない。原料米はすべて自家精米。ていねいに磨くが、決して磨きすぎず、本醸造は六〇%、純米酒や純米吟醸は五五%。「山田錦」の純米大吟醸で三五%。折角の原料米の味わいを生かしきっている。すぐれた名品をいくつか挙げておこう。

▽「秀鳳・無濾過雄町・特別純米酒」　酒米の「雄町」を五五%まで自家精米して、山形酵母で仕込んで、搾る。搾った後、濾過しない。米の旨みも爽やかにいきいきと、吟香をたたえて、すばらしい飲み心地、味わいだ。全国酒類コンクールでももちろん早くから断然第一位。

▽「純吟・出羽の里」　県開発酒米の「出羽の里」を五五%まで磨いて仕込んだ。酵母は山形酵母。酸度一・二、アミノ酸一・〇、日本酒度マイナス三、アルコール度一七%。ふっくらと旨い味わいの酒。しかも飲み心地は冴えている。

▽「秀鳳・山田錦四〇・純米大吟醸」　最上の「山田錦」を四〇%まで磨いて山形酵母で仕込む。香味芳醇にひろがり、味わいはふくらみがあってしっかりとひきしまる。満点のできばえ。全国酒類コンクールで一位特別賞に輝いた。

▽「秀鳳・吟酔匠」「山田錦」を三五%まで磨いて仕込んだ純米大吟醸を、さらに三年貯蔵熟成させる。これが古酒？　と驚くほどの新鮮味冴える。酒類コンクールで永世の第一位！

大山《おおやま》、十水《とみず》

加藤嘉八郎酒造㈱
〒997-1124　山形県鶴岡市大山三-一-三八
TEL0235（33）2008　fax0235（33）0880

山形県鶴岡市の大山は東北でも代表的な酒どころである。この加藤嘉八郎酒造の「大山」、渡會本店の「出羽の雪」、羽根田酒造の「志ら梅」、冨士酒造の「栄光冨士」の四家が江戸時代からそれぞれに名酒の歴史を刻んできた。中でも「大山」の加藤嘉八郎家の歴史は古い。祖先はかの加藤清正にまでさかのぼる。

江戸期の初め、庄内藩にお預けとなって加藤清正の嫡子忠弘の子孫の中から、やがて刀を捨て酒造を営む者が出て「加茂屋」と称した。そこから分家した一軒が酒どころ大山の主流を担うようになる。すなわち「大山」醸造元の加藤嘉八郎酒造である。江戸時代後期に酒造りの主流であった「十水」も復活させている。

創業時の欅の蔵が今も残るが、製麹、酒母タンク等、麹菌や酵母菌など微生物の力を十分に発揮させるよう、その「ため息、といき」を聞き分けるよう、設備を整えてきた。「ため息」という大吟醸も造った。月山からの清冽な伏流水を引くために土地も確保した。早くから地元出身の杜氏が造りを担い、今の志田潔杜氏は製造課長の社員である。とくに「もろみのゆりかご」である製造タンクは独自に開発したものを使い、よい醸造環境を微生物たちに与えて、伝統の技を受け継いで駆使する。

主銘柄の「大山」はもとよりすぐれるが、とくに江戸時代後期に主流であった「十水」仕込みを復活させた「特別純米酒十水」に注目したい。自社開発の「OSタンク」や「KOS製麹機」を活かして丹念に醸された名品。旨みに富み、最近の食文化にマッチしている。各種コンクールでも多数受賞している。

紅花屋重兵衛《べにはなやじゅうべえ》、澤正宗《さわまさむね》、雪原《せつげん》

古澤酒造㈱
〒991-0023　山形県寒河江市丸内三 - 五 - 七
TEL０２３７（８６）５３２２　fax０２３７（８６）０５６７

「澤正宗」「紅花盛」を代表銘柄に昔も今も栄える寒河江《さがえ》の古澤酒造は、天保七年（一八三六）に造り酒屋を始めた。寒河江が最上川の舟運で米や紅花を酒田へ送り出し、そこからは回漕船による都との交流で古くから栄えたところ。その文化と富を背景に、地主でもあった典型的な酒造創業である。

東に蔵王、西に月山を望む広大な山形盆地の一角にあり、年中雪を頂く月山からの寒河江川と、最上川の合流点も近く、まず水の利に恵まれる。米も穀倉地帯の山形盆地でゆたかに実る酒造好適米「出羽燦々」「出羽の里」、そして最近さらに「雪女神」という理想の改良品種まで生み出した。「澤正宗」の純米大吟醸に「美田美酒」の銘柄まであるぐらいだ。

精米機の、酒造に大切な心白の部分をそこなわずに磨く仕組みの開発や、昔ながらの生酛《きもと》や山廃酛を作るための半切という独特の平たい木桶や、酛を摺る櫂《かい》など、滅多に見られなくなった道具や、京都の陶工が作った巨大な甕などもある古澤酒造資料館が、年末年始を除きほとんど無休で開かれているのも嬉しい。最近は大型バスで外国人客も大勢訪れる。年間百台にも及ぶが、とくに日本人客の場合若い女性が圧倒的に多い。

日本酒の需要が減って、という嘆きをとかく聞かされていたが「山形酒に限っていえば決してそんなことはありません。むしろ女性層のお客さんの愛飲ぶりや、外国の方々の熱心なリクエストに接しますと、まだまだ伸びる感じです」と古澤康太郎蔵元は胸を張っておられた。

もちろん、そういう抱負は古澤酒造の日本酒、そして本格焼酎がすぐれて優秀だからこそ生まれるのだろう。名酒の伝統もある。最近も全国酒類コンクールで、日本酒の純米吟醸・純米大吟醸部門の高位に「紅花屋重兵衛」の純米大吟醸、「澤正宗・出羽の里」の純米吟醸が進出。とくに新酒造好適米の「雪女神」を三五％まで磨いて仕込んだ「紅花屋重兵衛・純米大吟醸・雪女神」は、フルーティな香りの広がりも快く、二〇一七年秋季コンクールで抜群の第一位特賞を受けた。

そば焼酎の「雪原」、米焼酎の「雪原・米焼酎・出羽燦々」もコンクールで一位をつづけて、風味のよさが光る。社員杜氏の青柳剛さんは地元寒河江出身で、五十一歳の働き盛り。

なお、山形新幹線の山形駅構内駅ビル一階の「酒蔵澤正宗」という居酒屋和食店で、山形ならではの料理とともに「澤正宗」の美酒がリーズナブルに飲めて楽しい。

あら玉、名刀・月山丸

和田酒類合資会社
〒999-3511　山形県西村山郡河北町谷地甲一七
TEL0237（72）3105　fax0237（72）3598

最上川の舟運で開けた河北町の、谷地というもっとも水のよいところに、「あら玉」の和田酒造は寛政九年（一七九七）酒造を創業した。以来二百二十年余、「あら玉」は地産のすべてを大切に、地元の人びとにも支えられて、栄光の酒造りをつづけている。

河北町は、ＪＲなら山形新幹線・奥羽本線さくらんぼ東根駅や左沢《あてらざわ》線寒河江駅から近いし、山形空港や東北中央自動車道の東根ＩＣからも便がよいが、近々と流れる最上川の水運を利して、昔から米と紅花の集散地で栄えたところなのである。とりわけ谷地の商人たちは、多彩な商才と腕と度胸を持ち、「谷地男」と呼ばれて江戸時代、とくに京都との交流で特産の紅花の取引を発展させ、京の文化を出羽の河北の地に花開かせた。今でも町の旧家には当時京からもたらされた古代雛が数々残っており、華やかな歴史を伝える「紅花資料館」もある。そういえばこの町の出身文化人に、西洋史学の権威となった東大教授堀米庸三氏や、その姪でヴァイオリニストの堀米ゆず子さん、同じ一族に山形銀行頭取の名もあった。

このような地域とともに和田酒造は酒造りの歩みをつづけてきたのである。仕込みの水は万年雪を頂く月山からの雪融け伏流水で、低温長期の醪造りに最適の軟水、清冽を極める。また、周辺は米作りの適地で、反収日本一を何度となく記録した。

酒造りの冬期には、雪はしんしんと降り積もり、空気を浄化して、絶好の酒造環境を作り出す。冷気は蔵内を清潔に、醸造温度も適切に整えやすくする。まさに米、水、空気三拍子そろう中で、多年酒造りにいそしんできた和田多聞蔵元は「小さくても存在感のある、地元に愛される地酒屋でありたい」とあくまで控え目である。というのも江戸期以来、ほとんどの出荷が地元で消費されてきたからである。

しかし、東京はじめ他地方からのこの和田酒造の製品への希求は日に日に高い。とりわけ純米大吟醸を始めとする「あら玉」の名品の数々、純米大吟醸をさらに三年熟成させた「古刀・月山丸」、大吟醸の「名刀・月山丸」等は垂涎の的である。

純米大吟醸「あら玉」は「出羽燦々」を四〇％まで磨いて造る。やや辛口でさわやかにじわじわ旨さひろがる楽しさこたえられない。

「名刀・月山丸」その銘の名刀のごとく切れよく、口に含んでにじむような旨味ふくよかに、香りも爽やかである。二〇一七年秋季全国酒類コンクール一位。

蔵粋《くらしっく》

小原酒造(株)
〒966-0074 福島県喜多方市字南町二八四六
TEL 0241(22)0074 fax 0241(22)0094

会津・喜多方の小原酒造は、享保二年（一七一七）初代小原嘉左衛門が創業。このあたりは飯豊山《いいでさん》の扇状地で、万年雪が百余年かけて融けて山肌に沁み入り伏流水に豊かに恵まれる。水質も旨い酒を造るのに好適な軟水なのである。酒造期には寒気きびしく絶好の自然環境にも恵まれる。

小原酒造の名声が高まったのは一九八〇年代、現在の小原公助蔵元が、造る全量を本醸造以上の特定名称酒だけとしたころからである。さらに拍車をかけて、小原蔵元は若き日、当時東京滝野川にあった醸造試験所での実習体験と研究成果から、仕込み中の酒の醪に音楽を聞かせると、酵母が活性化する、とくにモーツアルトの曲が適切なことを自社蔵に帰ってからの実験で発見。以後小原酒造の蔵内にはモーツアルトの交響曲が流れ、モーツアルトの小原酒造か、小原酒造のモーツアルトか、と名声はとみに上がり、音楽蔵の元祖ともなった。酒銘も「蔵粋」を新たに制定。「蔵粋」は名酒の階段を一気に駆け上った。

とにかくモーツアルトの交響曲、セレナーデ、協奏曲をタンクの醪に聞かせると、醪は一段と生き生きとなり、吟醸香味も冴えるのである。こうして仕込んだ酒を「蔵粋・大吟醸交響曲」「蔵粋・吟醸夜曲」「蔵粋・純米協奏曲」等と名づけ、一九九〇年代から二〇〇〇年当初にかけて酒造界をリードした『特選街』の全国日本酒コンテストに出品したところ、「蔵粋・大吟醸交響曲」はたちまち第一位グランプリとなり、他の「吟醸夜曲」「純米交響曲」等もすべて高位に入賞した。かくて「蔵粋」は名酒の誉れ高く、モーツアルトの奏楽も酒造中のあちこちの蔵に伝わった。

地元会津喜多方出身の小樽山忠杜氏の健在も心強い。酒造歴、実に六十五年。全国新酒鑑評会での金賞度々、福島県鑑評会でも早くに首位の知事賞を受けた。製造も貯蔵もサーマルタンクで行ない、一年中蔵内の温度を厳しく管理している。

「蔵粋」は名品ぞろいで、全国酒類コンクールでも次々第一位となっているが、中でも一位特賞となった「純米大吟醸・蔵粋」を掲げておこう。兵庫の山田錦を四〇%まで磨いて701号酵母で仕込んだ。香味のバランス見事に、米の旨さも生き生きと爽やかな飲み口で実に旨い。

一人娘

㈱山中酒造店
〒300-2706　茨城県常総市新石下一八七
TEL 0297（42）2004　fax 0297（42）6977

「一人娘」の山中酒造店は文化二年（一八〇五）の創業。有名な長塚節《たかし》の小説『土』にも描かれた日光颪《おろし》の只中——旧家のおもかげを伝える酒蔵がある。すぐ裏手を鬼怒川が流れ、その伏流水を汲んで仕込む。そもそも「一人娘」の酒銘は、大切な一人娘を育てるような愛情と、真心をこめて造る清酒なればこそである。やわらかな絹の口あたりと爽やかな風味、キリッとした切れのよさが特長。

酒蔵は輝かしい歴史を持つ。現在の山中直次郎蔵元で八代目となる蔵の建つ石下町は、古くは平将門を始め坂東武者の根城で、前記の作家・歌人の長塚節もここの出身。そして「一人娘」の酒は、昭和一九年（一九四四）第十五回の品評会で全国第一位となり、一挙に名酒の名を高めた。そのときの杜氏は新潟出身の平石小市郎。名杜氏と謳われ褒賞も受けたが、その直弟子で、平石杜氏のもとこの酒蔵一筋に三十数年、蔵頭から杜氏へと昇りつめた田中徳代さん（新潟）が、今もすべての製品本醸造以上という高品質の酒造りに、日夜取り組んでいる。心強い限りである。

▽「一人娘・純米吟醸」　口当たりよく絹の肌合いに加えて味わいにふくらみもある。全国酒類コンクールその他コンペティションでも受賞。

▽「ワイン酵母仕込み・特別純米酒・一人娘」　茨城県産の「ひたち錦」を原料米にワイン酵母で仕込んだ逸品。軽やかに快いかすかな酸味と旨みが光る。冷やしてワイングラスでやるとまた格別である。

開華《かいか》、みがき

第一酒造㈱
〒327-0031　栃木県佐野市田島町四八八
TEL０２８３（２２）０００１　fax０２８３（２４）６１６８

「開華」の蔵元・島田家は、延宝元年（一六七三）の創業。もともと農家であった地主の本家から分家して、酒造を営むことになった。典型的な農業と一体の酒造家で、原料米の米作りも現在まで三百五十年来つづけている。こうした稲作から酒造への営みが、「開華」を全国的に有名にした、竹の皮包みの純米酒「みがき」に結実した。

　酒造場のある佐野市は関東平野北端に位置して、水の良いところである。古い山の地層があり、その地層に洗われ濾《こ》されて湧く伏流水が清冽だ。山に木が多く生い茂っているのも、水質をこの上なく純良にしている。佐野の水自体、日本の百名水に選ばれているほどである。この米と水で、「開華」や「みがき」を丹精して造る二ノ宮俊一杜氏は、地元の下野《しもつけ》杜氏である。栃木県出身の下野杜氏は今では二十人ほどしかいなくなった。「開華」の蔵にはその下野杜氏が三人在籍している。二ノ宮杜氏は就任以後八年来全国新酒鑑評会にも連続入賞、うち六回金賞に輝く。

名品の純米酒「みがき」はもとより、栃木米の「あさひの夢」と五百万石の精米五九％で造る特別本醸造の「開華」、美山錦と五百万石を五九％磨いて造る「開華・純米吟醸」、みな栃木酵母による香味が生きてすばらしい。

赤城山《あかぎさん》

近藤酒造㈱
〒376-0101　群馬県みどり市大間々町大間々一〇〇二
TEL　0277（72）2221　fax0277（73）1603

「赤城山」はその酒銘のとおり赤城山の麓の近藤酒造の名酒。蔵は明治八年（一八七五）の創業。わたらせ渓谷鉄道の大間々駅で降りて、みどり市役所のほうへ行くとすぐ近くにある。赤城山は峰々に白樺の林が茂り、カルデラ湖や牧場のある広い山麓が開ける。酒蔵はそこに位置して、水も赤城山からの伏流水で仕込む。やや硬水で、この水を口にしただけでも滋味が身に沁みるようだ。

純米酒造りに心くばりする。

「原料は厳選した酒造好適米を、独自の精米技術で五〇％ぐらいまで磨いて、まるで真珠のように丸く小さくなった米の芯を使って醸し上げます」

と蔵元の語る純米吟醸はとりわけすぐれる。全国酒類コンクールでも第一位。純米酒ならではの純粋な米の味わいと、吟醸香の透明で芳醇な香りのよさ、そしてコシのある飲み心地のよさ、思わず「これだ」と呟きたくなる。

それでいて、特別本醸造の「赤城山」、大吟醸「赤城山」など本醸造系の製品もすぐれている。全国酒類コンクールの一般愛好者が集まる一般公開テイスティングで、「赤城山・特別本醸造」は最高点一位となった実績をもつ。

明月赤城山のイメージを抱く年配者はもとより、そうでない現代的な若者たちも、いつまでも愛してやまなくする名酒のたたずまいが、この酒にはある。

群馬泉《ぐんまいずみ》

島岡酒造㈱
〒373-0036　群馬県太田市由良町三七五-二
TEL 0276（31）2432　fax 0276（31）7715

「群馬泉」の島岡酒造は文久三年（一八六三）の創業。初代島岡金八は、ペリー来航の嘉永六年（一八五三）、越後・新潟から三国峠を越えて群馬に入り、旧宝泉村（現太田市由良町）に来た。そして十年酒造りの修業を積んだ後、現在の酒蔵を築いたという。その酒蔵が今も建物もそのままに、百五十有年、群馬、北関東の誇る名酒「群馬泉」を生みつづけている。

二代前の島岡利雄蔵元は、昭和四十年代に当時酒造界の悪しき風潮であった糖類添加の三増酒を全廃して、造る全量を本醸造酒以上とした。その上に純米酒の見事な秀作を造り出した。そのころから（昭和四〇年代）島岡酒造は「若水」という上質の酒米を、地元農家に頼み、三年がかりで契約栽培して、その米で造った純米吟醸が鑑評会で金賞となり、「群馬泉」の名を一層高めた。米の蒸しの研究でも一九八三年に醸友会技術賞を受けている。

杜氏も大切にした。初代蔵元が新潟出身なので、代々杜氏も新潟杜氏が務めたが、とくに島岡利雄蔵元の時代には、山岸隆治という明治生まれの勤続五十五年を越える名杜氏がいて、大変蔵人思いでもあった。このような杜氏に対して〝人間国宝〟指定を認めるよう二代前の蔵元は国に訴えもした。現在の布施徳太郎杜氏も新潟出身、山岸杜氏の薫陶も受け、現在八十歳。なお健在で手間のかかる山廃仕込みに余念がない。「群馬泉」の妙味はこうして大切にされる杜氏の手練の賜物でもある。

先代の島岡利昭蔵元の時代に、「群馬泉」の玄人好みともいわれる奥行きあってさわりない妙味がどうやって生まれるのか、と訊ねたことがあった。そのとき蔵元は、「世に喧伝はしていないが」と断りつつ、何年も冷所に貯蔵熟成を経た純米吟醸の一升瓶を示されたことがあった。試飲した中身の香りの雅趣、味わいの絶妙であったことはいうまでもない。

島岡利宣蔵元も語る。「『群馬泉』はすべての酒の造りを山廃仕込みで行なっているので、新酒のときにはやや荒い味になるので、熟成を大切にしている。それぞれの品質・風味に応じて一年から五年寝かしています」

いわばボルドー産などのすぐれた赤ワインが、生産直後の新酒時代には生き生きと活況を示しながら、年を経て得もいわれぬ美味と化する。それに似た変化の妙を「群馬泉」は日本酒で実現しているといえようか。二〇一七年春季、秋季の全国酒類コンクールに出品された「群馬泉」純米吟醸は連続して第一位特別賞を受けた。

天覧山《てんらんざん》

五十嵐酒造㈱
〒357-0044　埼玉県飯能市大字川寺六六七-一
TEL　050（3785）5680、042（973）7703
fax　042（974）0394

「天覧山」の五十嵐酒造は西武線で東京とつなぐ飯能の川寺に蔵がある。一八九七年の創業で、いまの五十嵐智勇蔵元が五代目。創業以来百二十年を越え、いまでは埼玉でも屈指の実力蔵である。人徳のあった先代喜八郎蔵元を偲ぶ「喜八郎」の銘柄も出している。

奥秩父から流れ出る清流名栗川の伏流水を使い、奥武蔵の天覧山下、極寒の清澄の気のなかで仕込む。蔵の信条は「和醸良酒」、蔵元と造り手が一体となって、正直一途に、一本一本心を込めて造るということである。南部杜氏ならではの技も光る。

なかでも「天覧山・洗心無」の特別限定大吟醸は、蔵人が身も心も洗い清め、無の心境で造り上げたという酒銘。豊かで華やかな吟醸香が伸びやかなコクを引き立てる。

純米吟醸と純米大吟醸の「喜八郎」もすぐれる。高精米の米を手造りで仕込み、長期低温発酵させて槽《ふね》でしぼる。芳醇で米の旨みが生きている。

春季限定の「桃色にごり酒」や日本酒仕込みの梅酒も逸品。

長命泉《ちょうめいせん》

㈱滝沢本店
〒286-0032 千葉県成田市上町五一三
TEL 0476(24)2292 fax 0476(24)0758

成田の不動尊への初詣は、全国の名だたる社寺の中でも屈指の賑わいだ。年中絶え間ない成田山への参詣客とともに門前町に栄えるのが、「長命泉」の滝沢本店の酒蔵と店である。創業は明治五年(一八七三)、その酒の仕込水を飲むだけでも長生きのご利益があるという。名も「長命」の名水は、泉のように湧き出る井戸から汲み上げて酒造に使われる。酒銘も「長命泉」と定まった。

もともと成田という土地は、利根川の水運でも栄えたところ。そのせいもあって魚が美味で、料理・仕出しの店も昔から多い。それらの店がこぞって「長命泉」を出す。食中酒としても絶好に造られているからである。酒質も上々、全国酒類コンクールでも、早々に大吟醸が首位を競い、一般の酒類愛好家百人余りが参加した公開テイスティングでも、最高の賞賛と人気を集めた。とくに中取り（中しぼり）の大吟醸がすぐれる。「雄町」米使用の純米吟醸も快い甘口で多くの顧客に喜ばれている。

▽「長命泉・大吟醸・中取り」　兵庫産「山田錦」を四五％まで磨いて、協会1801酵母で仕込む。南部出身の高橋正四郎杜氏入魂の名品。酵母が生きているかのように、もろみの旨さが伝わってくる。

▽「長命泉・活性清酒」　しぼり立てのにごり酒である。飲むほどに溌剌と身も心も清々しくする。成田詣での折の絶好のお土産にもなる。

梅一輪

梅一輪酒造㈱
〒289-1303　千葉県山武市松ヶ谷イ二九〇二
TEL０４７５（８４）２２２１　fax０４７５（８４）２２２２

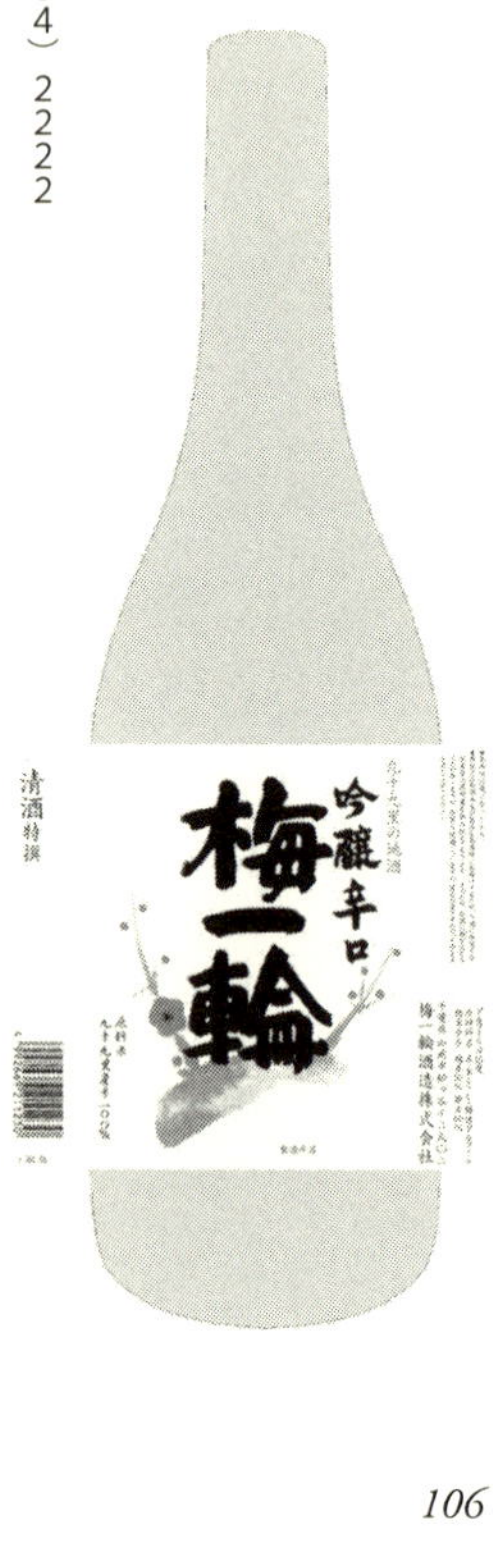

梅一輪酒造は、明治元年（一八六八）創業の若林酒造店と、大正元年（一九一二）創業の中田商店が一九八四年に合併し、その際統一の銘柄を「梅一輪」と定めた。

酒蔵のある山武市は九十九里にも近く、砂浜に湧き出る水が格別によい。その上、若林賢治蔵元は、杜氏の持地良雄さん（福島出身）と自ら力を合わせて酒質を磨いた。

「地元に愛されてこそ地酒である」をモットーに、九十九里一円から千葉全域、東京中心に首都圏にも「梅一輪」の愛好家が拡がって、日本酒全体の売上総量は年々減る中、「梅一輪」の売上げは平成一〇年から十数年の間に六〇％近くも増えたという。これもひとえに「梅一輪」の呑み口、味わいがすぐれているからである。

低価格のレギュラー酒もなかなかの佳酒であった。「梅一輪」の佳撰、同じく生貯蔵酒は、いずれも二〇一七年のレギュラー酒コンクールに出品されて、優秀な成績を収めた。あくまで消費者の立場を思いやっての「梅一輪」――多くの愛好者に迎えられている所以である。また「上撰・純米酒・梅一輪」は、全国酒類コンクールでも第一位優勝するなど、推しも推されもせぬ名酒・名品の実力を発揮している。そして、香味、実にすっきりと華やぎ、多くのファンに愛され喜ばれているのが、吟醸辛口「梅一輪」である。

▽「上撰・純米酒・梅一輪」　全国酒類コンクール純米部門第一位の逸品。地元産米の「ふらこがね」を原料米に、すっきりと飲めて米の旨さも生かした芳醇な純米酒。

▽「梅一輪・佳撰」　千葉県産米を熊本901酵母で仕込んだ。日本酒度プラス3・5。すっきりとフレッシュな香味、キレのよさ。とてもレギュラー酒とは思えぬ芳醇の美酒。

甲《か》斐《い》の開運

井出醸造店
〒401-0301 山梨県南都留郡富士河口湖町船津八
TEL 0555(72)0008 fax 0555(72)3293

江戸末期の一八五〇年ごろ、それまで醤油醸造を生業としてきた井出家の十六代與五右衛門が、富士山の麓の清冷な気候と、豊かに湧き出る清冽な川口湖畔の水に着目して清酒造りを始めた。折りしも皇女和宮の婚姻の慶事に当たり、それにちなんで「開運」と酒銘を定め、その後「開運正宗」、昭和六〇年代以降は「甲斐の開運」と銘打って現在も盛運を担う。只今の與五右衛門蔵元は二十一代目である。

なにしろ富士山からの清冽きわまりない湧水で仕込み、麹、酒母、もろみ一貫して伝統の手造りの酒造りだから、切れもいい、香りもいい、味と爽やかに旨い。ずっと南部の杜氏が入っていて、いまは社員杜氏が技を守る。酒にとって大切な光や温度の変化に厳しく、熱交換器を使っての瓶詰めをし、温度をいくつかに変えて設定した部屋で貯蔵を行なうなど、蔵人たちも神経細やかである。

東京では、たまたま母校の大学に近い本郷三丁目の店で「甲斐の開運」を見つけ、飲んで感心したので、以来ときどき寄っては愛飲している。

とくにすぐれるのは「甲斐の開運・吟醸」。米は山梨県産の「ひとごこち」を六〇%にまで磨いて使用。米の旨さも映え、快い辛口で、八℃から一二℃に冷やして飲むと最高である。全国酒類コンクールでも高位に入賞した。純米酒も素晴らしい。

越乃寒梅《こしのかんばい》

石本酒造㈱
〒950-0116　新潟県新潟市江南区北山八四七‐一
TEL０２５（２７６）２０２８

厳しい越後の寒さに耐えつつ、酒のよさを寒梅のように凝縮させて行なった新潟の「越乃寒梅」が、天下を風靡してから久しい。知名度はますます高く、海外にまで名声は定着しているが、現在はどのような視点で酒造りが行なわれているのであろうか。蔵元石本酒造自身が二〇一六年六月に発行したファクトブックによってお伝えしておきたい。

石本酒造の創業は明治四〇年（一九〇七）、初代石本龍蔵は早々に料理を引き立て、食の味わいと心を豊かにする酒造りを目指したという。「淡麗でありながら力強い味わい、飲み口のよさ」というコンセプトは、二代目の石本省吾蔵元に引き継がれる。そのような名品を造り出すには、まず水が大切だと、阿賀野川の好適な伏流水を遠くから引きもしたが、最後は石本家の庭の地下から湧き出る軟水を掘り当て、日夜杜氏とともに酒母や醪の発酵を見て回る苦心を重ねて、名品「越乃寒梅」を生み出し、名声をゆるぎないものにした。

三代目の石本龍一蔵元は、戦後の高度成長期に生い立ったが、地酒ブームや名声にかまけての量産などはせず、ひたすら「納得できる味わいの酒しか造らない」という信条を守り、米の旨さも堪能させるふくらみのある酒質も目指して、熟成タンクを増設し、低温貯蔵による味わいの深化を目指した。

そして今の四代目石本龍則蔵元は、すでに世に流布した製品であっても、さらなる品質の向上を目指し、より幅広い年代の人びとに、時代を超えて日本酒のすばらしさを伝えていくことを、使命と考えている。蔵元四代目の願いに応えようと、社員で取締役の竹内伸一杜氏のもと、蔵人一同は、積み重ねてきた技と精神を尽くして「越乃寒梅」を醸す。

厳選した原料米を丁寧に磨き上げ、淡麗な酒質を生み出す水だけを使い、熟成によって旨味を最大限に引き出す。吟醸造りにこだわり、「大胆、細心、周到」に酒造りを進める。ベテランの造り手の目が、現場に光っている。

二〇一六年六月半ばから、石本酒造では「越乃寒梅・純米吟醸・灑《さい》」という新酒を世に出した。原料米は新潟県産の「五百万石」と兵庫県産の「山田錦」を使用、精米歩合は五五％で米の旨みを生かし、阿賀野川水系の軟水で仕込む。キレ良く軽快で、食事と一緒に燗をしてもよく、冷やでも味わい冴える。「灑」はもともと美しい様を表わす言葉で、キレのよさが特徴の「越乃寒梅」にふさわしいと考えて命名した由。

清泉《きよいずみ》、亀の翁《お》

久須美酒造㈱
〒949-4511　新潟県長岡市小島谷一五三七‐二
TEL0258（74）3101　fax0258（74）3644

新潟県の旧三島《さんとう》郡（現長岡市）小島谷《おじまや》の久須美酒造は、天保四年（一八三三）の創業時から、樹齢数百年の大樹の生い茂る裏山の横井戸から湧き出る清水で仕込んだので、屋号を清水屋といった。一族は大正初年に越後線の鉄道を敷き、現在の久須美賢和《よしたか》蔵元は七代目であるが、三代前の作之助蔵元はこの家に婿入りしたとき、特別列車でやってきたという逸話がある。

この蔵に画期的なことが起こった。きっかけは昭和五五年（一九八〇）の九月のある日、当時新潟県で「越乃寒梅」の石本酒造と並び称された越後湯沢の「白瀧」の河合高明杜氏が、新潟で名だたる杜氏を多く生んだ野積《のづみ》の出身であったことから、野積杜氏組合長だった河合清はじめ、何人かの野積杜氏の先輩格の人々に集まってもらい、その体験を聞く会を催したことが

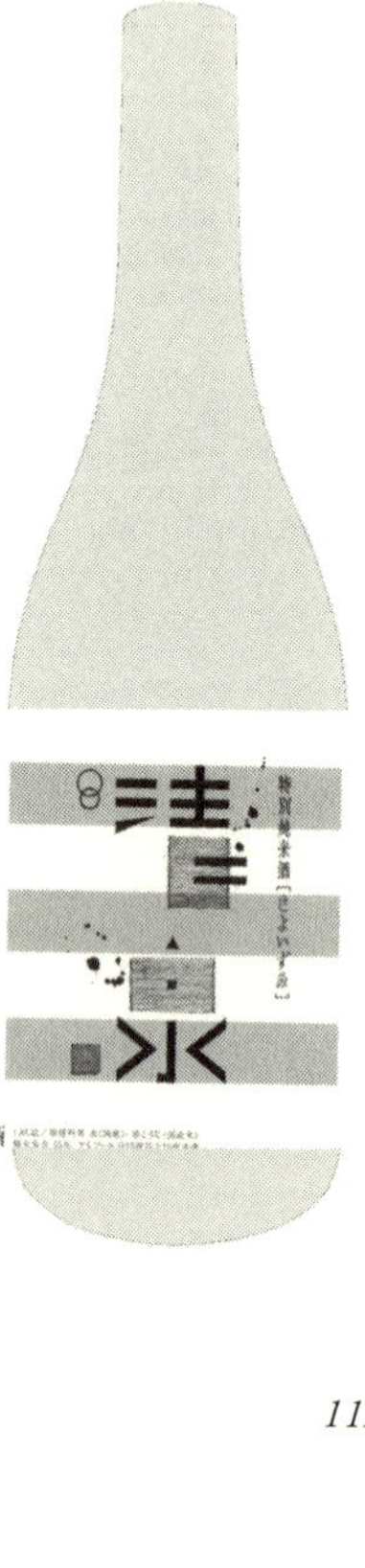

あった。

会場は野積の中心、寺泊《てらどまり》の魚屋の経営する料理屋の二階だったが、飲むほどに酔うほどにベテランの野積杜氏たちから、大正、昭和にかけての酒造りの生々しい回想の花が咲いて、実に有意義だったが、そこですでに八十歳を越えていた長老河合清杜氏から、後世日本の酒造史にも記録されるべき、次の発言（述懐というべきか）があったのである。

「戦前の昭和十一、二年、ちょうど日華事変の始まる前が、私の知る限り一番いい酒がたくさん造られた全盛期だったが、とりわけ〝亀の尾〟という米で造った吟醸が実によかった。香りといい味といい、あれほどすばらしい酒ができたことは、後にも先にもないね――」

この席に酒造メーカーとしてはただ一蔵、久須美酒造の当時専務だった久須美記迪《のりみち》さん（後に六代目社長）がオブザーバーで出席していて、この「亀の尾で造った酒」の話に聞き耳を立てた。それだけではない。記迪さんはその足で、酒米市場からとうに消えていた「亀の尾」の保存種米を県の農事試験場で探し当て、頼み込んでその種米を分けてもらい、それを自家田で栽培して、数年かけてついに「亀の尾」の米で造った「亀の翁」の酒を世に出したのである。

その間の久須美記迪さんの涙ぐましいまでの熱意や努力や献身については、私も前掲書に書き、往時『朝日』の名記者で編集委員もした工藤宣《よろし》氏も、『朝日』の紙上（一九八三年一二月五日付）や自著の『佐渡にんげん巡礼』の中で特筆している。その苦心の成果として誕生した名酒「亀の翁」が、直ちに雑誌『特選街』の主催して行なった日本酒コンテストで日本一になり、また時を経て二〇一七年、世界有数のワイン評論家であるロバート・パーカーが、数々の日本酒の中で、いわゆるパーカー・ポイントとして最高点（九十八点）を与えたのがこの久須美酒造の三年熟成の純米大吟醸「亀の翁」であった。「口にした途端歌い出したくなるような、涙したくなるような味わい」という評語も添えられている。

久須美酒造も、二〇〇六年には裏山の杉の大樹がどっと崖ごと崩れ落ちて、百年以上の樹木千本が流され、その下に「亀の翁」一万六千本入りのタンクも埋まるという大洪水や、さらには中越地震にも襲われて、復旧に大変な苦労をした。しかし、今では七代目久須美賢和蔵元が元気に「七代目」「清泉」そして「亀の翁」の酒造りに励む。

縁あって私は、元賢和蔵元がまだ小学生だった昭和五〇年代半ばに久須美家を訪れて、健在だった曽祖父の作之助さんや父記迪専務（当時）の傍で、かしこまって正座して話を聞いていた姿をよく覚えている。ずいぶん親孝行そうな少年だなと思った。そのとおりで、賢和さんはその後東京農大醸造学科を出て、今も健在の父・六代目記迪氏の背中を見つめる思いで酒造りにいそしんでいる。

これも縁あって「亀の翁」のラベルの酒銘は、百一歳まで生きた私の父稲垣真我（元仏教大学長）が九十九歳から百歳にかけての折、揮毫した。私は目下、まだ九十二歳、先人たちを見習わねばと今更に思う。

天狗舞《てんぐまい》

㈱車多酒造
〒924-0823　石川県白山市坊丸町六〇ー一
TEL076（275）1165　fax076（275）1866

「天狗舞」の車多酒造は文政六年（一八二三）坊丸という寺のあった松任《まつとう》に創業。車多の名は、多くの水車を回して酒造り用の米を磨いたからと伝えられる。また「天狗舞」の酒銘も、近くの森の中で夜な夜な天狗が乱舞したとの言い伝えによったという。

「天狗舞」の名声が高まったのは、創業以来の敷地内に海抜二七〇二メートルの白山からの雪融け水がこんこんと湧き出る名水の井戸があって、その水を絶好の仕込水としている上、能登杜氏の四天王の一人とも呼ばれた中三郎杜氏が、今も健在であることによる。

能登杜氏とは石川県の能登の珠洲《すずし》郡出身で、蔵人から叩き上げて杜氏になった人たちをいう。それぞれに仕事ぶりや麹米洗い、麹造り、酛造り等分担した酒造工程での出来ぐあいを評価され、視察に来る鑑定官のおえら方や、蔵元にも認められて、杜氏への出世の緒を見出す。いざ杜氏となってからは酒造りの全責任を担う。名杜氏と認められる数少ない人びとの技能や才能や努力や人間力がどれほどのものかは、能登杜氏四天王の中でも先輩格の農口尚彦さん（元「菊姫」「常きげん」杜氏）が『魂の酒』（ポプラ社、二〇〇三年）という自著で述懐したのを読むとよくわかる。その農口さんや、波瀬正吉（静岡県掛川市の「開運」杜氏）、三盃幸一（富山市「満寿泉」杜氏）とともに、能登出身の名杜氏と称えられることになった中三郎杜氏は、勤めたのが水の良さに恵まれた車多酒造であったこと、そして吟醸造りや純米酒の極限の良さを生み出すことにかけて、比類ない腕を持っていたことが、その名声の要因であったろう。

山廃仕込みによる、自然と人力の極限を生かしての純米酒、吟醸、大吟醸造り、全国新酒鑑評会で連続二十回金賞の実績もさることながらすべてにバランスのとれた人間力を感じる。

蔵元は毎年「天狗舞・中三郎・大吟醸生酒」の限定品を出して、中杜氏の功に応えているが、ここでは全国酒類コンクールでも早い時期に第一位となった「天狗舞・真精大吟醸・吟こうぶり」の逸品を取り上げて置こう。「吟こうぶり」の原料米は兵庫県特A地区産の「山田錦」を三五％まで自家精米して、九号酵母（熊本の「香露」の）で、長い日数をかけて低温で仕込む。こうして吟香味も典雅に醸し出した大吟醸を、さらに三年以上寝かせて熟成させ、幽玄の境地まで感じさせるほどの絶品に仕上げる。ちなみに「吟こうぶり」とは、吟の冠《こうぶり》、吟醸造りの最たるもの、との酒銘。そして「天狗舞」の山卸《やまおろし》廃止酛《はいしもと》仕込の純米酒こそは酒の中の酒と讃えられるべき現代きっての味わい。中杜氏ならではの名酒である。

黒龍《こくりゅう》

黒龍酒造㈱
〒910-1133　福井県吉田郡永平寺町松岡春日一-三八
TEL 0776(61)0038　fax 0776(61)3833

「黒龍」の創業は文化元年(一八〇四)、本家の石田屋からのれん分けして酒造を営むことになったが、そのころ酒造株の取得はきわめて難しく、やっと酒屋になることができたので、子々孫々品質を至上のものと考えるよう酒銘も「黒龍」と定めたという。

代々の蔵元の中でも、とくに先々代の六代目水野義太郎蔵元は阪大で醸造・発酵学を修め、戦後間もなくの原料米不足の時代にもかかわらず、苦心して酒造好適米を入手し、精米歩合を上げて酒造りをしたので、「黒龍」の名は高まった。その後もこの蔵は平均の精米歩合を適正に高め、すべての造りが吟醸並み、中でも大吟醸の「黒龍しずく」「黒龍八十八号」などは、「山田錦」を極限まで磨きぬいて仕込、爽やかな飲み心地で「黒龍」の評判を比類ないものにした。天皇であったか、皇太子であったかも愛でられるという話を耳にした。

永平寺町の看板酒。九頭竜川の伏流水で仕込み、「九頭龍」の銘柄の酒も出す。酒造りのモットーは「自然と人との調和を目指し、豊かな生活文化を創造すること」にある由。「自然を見極め同化すること、それが造り手だ」など、蔵内の気負いも高い。畑山浩社員杜氏は富山大で文化人類学を学んだ人の由。

入手困難ではないかと心配になるが、飲めるところとなると、東京の銀座だけでも寿司割烹の「濱」、日本料理店「圓」、鶏料理のダイニングバー「和味」、魚介の店の「魚真銀座店」、東銀座の蕎麦屋兼呑み屋の「流石」など、これはと思う店はみな「黒龍」を置いている。六本木、新宿等みな然り。そういう店でまず「黒龍」を飲んで陶然となり、それから入手する算段をしてもいいかなと思えてくる。

大雪渓

大雪渓酒造㈱
〒399-8602　長野県北安曇郡池田町大字会染九六四二－一
TEL 0261（62）3125　fax 0261（62）2150

大雪渓酒造は、二〇一一年の全国酒類コンクールのレギュラー酒部門に、「蔵酒」を出品していきなり、審査員特別賞となり、二〇一三年春季のコンクールでも第一位特別賞を獲得して、鮮烈な名酒としてのデビューを果たした。

大雪渓酒造の創業は明治三一年（一八九八）。北アルプスの三大雪渓の一つ白馬山の麓の広大な安曇野の穀倉地帯に酒蔵があり、今では近代的な酒造設備を整えている。

以前は「晴光桜」「桔梗正宗」の酒銘で地元に親しまれていたが、昭和二四年（一九四九）白馬の大雪渓に因んで、現在の酒銘に定めた。「大雪渓」のラベルの字は、地元池田町ゆかりの歌人・岡麓に揮毫してもらった。その白馬の大雪渓の豊富な伏流水を仕込みに使った名実ともに「大雪渓」の酒なのである。

レギュラー酒界をアッと驚かせた「蔵酒」だけではない。昭和二八年には、「大雪渓」は全国新酒鑑評会で最優秀賞に輝いて、皇室献上酒に選ばれたこともある。現在も特別純米酒や「冬の純米酒」、大吟醸等々、いずれも全国酒類コンクールも出品されて、首位を競っている。

▽「大雪渓・蔵酒原酒」 麹米と酒母米は地元契約栽培の「ひとごこち」を六五%まで精米し、協会701酵母（「真澄」）で仕込む。アルコール度二〇%のコク味も申し分なく、夏の日はロックでも旨い。安曇野ならではの米、水を使っての、レギュラー名酒である。

▽「大雪渓・特別純米酒」 県産の「美山錦」を五九%精米して、KA1酵母で仕込む。酸度一・九、日本酒度プラス四。純米吟醸かと思えるほどに清々しく芳醇な香味を実現している。

白馬錦《はくばにしき》、雪嶺《せつれい》

㈱薄井商店
〒398-0002 長野県大町市大町二五一二－一
TEL0261（22）0007 fax0261（23）2070

「白馬錦」の酒蔵を長野県大町に訪ねて、目の当たり雪の化身のような名峰白馬岳を見た。そして蔵元薄井商店もその酒銘どおり白馬三山とともにある感を深くした。

かねがね「白馬錦」の薄井朋介蔵元は酒造りに極めてきびしい、と聞き及んでいた。今をときめく飛騨の古川町の渡邉久憲蔵元も、修業時代この「白馬錦」で実習にいそしんだと聞き、ますますその感を深くした。さらに二〇一〇年以後始めたレギュラー酒（普通酒）のコンクールに、この蔵から「白馬錦」「雪嶺」の二品が出品されて、ともに第一位となり、以後毎年一位首席が続いている。

酒蔵の真価は、ケバケバしく化粧箱に包んだ〝大吟醸〟などによって決まるのではない。地元の多年の物言わぬ顧客たちが、日々愛飲して止まぬレギュラー酒によってこそ定まるのだ、とひそかに思っていたから、ついに意を決して「一度蔵の見学に伺いたいが」と電話をかけてみた。

電話に出られた薄井朋介蔵元は意外にも優しく「どうぞ」と答えて下さった。雪の積む大町へ、かくて私は出かけた。薄井蔵元は丁寧に蔵の歴史や酒造りについて答えられただけでなく、市や県有志や蔵元たちと億の金を投じて建てられた、最新鋭の研究設備も誇る日本最大の酒造搗精（精米）工場にも案内して下さった。そして日の暮れ方の積雪の中を、自ら車を運転して山間《やまあい》の宿まで送って下さったのである。

薄井商店の創業は明治三九年（一九〇六）。現朋介社主が昭和五四年（一九七九）四代目蔵元となって以来、大吟醸から普通酒に到るまで地元農家との契約米を酒造原料米とした。この北安曇の契約栽培米と、北アルプスの清冽な水に加え、恵まれた自然環境の中で酒造りを続けてきた。その酒造りで目指したのは、辛口とか甘口とかいうのでなく、丸みのあるふくよかな米の旨みを生かした、おだやかな酒質の旨口を身上とし、丁寧な造りを守り続けていきたい、ということであった。

無論、全国新酒鑑評会でも金賞を続け、一九九一年には第三八回長野県清酒品評会で首席優等賞も受賞。一九九六年には〝雪中埋蔵〟のための酒類等蔵置所を設置し、さらに二〇〇五年にはトンネルによる湖洞貯蔵庫を設けて、貯蔵を充実させた。二〇一二年にはロンドンでの海外コンテストにチャレンジして金賞。

右の記述の中の〝雪中埋蔵〟とあるのは、酒造米や水とともに約四千本もの酒をことごとく大量の雪の中に埋めて熟成を重ねたことである。また、トンネル貯蔵のほうは、ひと夏の熟成を加える「ひやおろし」のために湖洞貯蔵庫を設置したのであって、丹念な酒造りに加えて、こうした信濃大町ならではの貯蔵法によって「白馬錦」は旨味を増している。

全国酒類コンクールのレギュラー酒部門（二〇一六年春季より）で第一位特賞を重ねている二品をとくにご紹介しておきたい。

▽「白馬錦・佳撰」　甘口・辛口というのでなく、水のようにさやけくも旨い旨口というべきか。しかも奥深い風情すら感じさせる。一・八ℓ一八〇〇円の価格をはるか越える逸品。地元契約栽培の「トドロキワセ」使用。

▽「雪嶺・白馬錦・上撰」　こちらはやや辛口の仕上がりだが、淡麗で余韻の残る名品。一・八ℓ二千円ながらきめ細やかに快くシャープな吟醸の風格を感じさせる。

夏季限定の「雪中埋蔵」の純米吟醸生酒もご紹介しよう。しぼり立ての新鮮な生酒を秀麗な北アルプスの麓の雪中に埋めて眠らせた。雪の中の平均温度は〇℃、湿度九〇％以上で、空気の対流はほとんどなく、太陽の光も通さない。その中で貯蔵されたお酒は硬さがとれて、えもいわれぬ滑らかな舌ざわりに仕上がる。瑞々しくほんのりと上質な果実の甘みを湛える。

菊秀《きくひで》、蔵《くら》、峠

橘倉酒造㈱
〒384-0301　長野県佐久市臼田六五三-二
TEL 0267(82)2006　fax 0267(82)2413

二〇一六年五月下旬に、日本で開かれた主要国首脳会議(伊勢志摩サミット)で、長野県内の信州酒から、佐久の橘倉《きつくら》酒造の「菊秀・無尽蔵・夏吟醸」がお土産に選ばれた。そのとき「菊秀」の井出家の言葉は「和食が国連教育科学文化機関(ユネスコ)の無形文化遺産に登録された折柄、さらに日本酒を世界に発信する機会にしたい」であった。

橘倉の酒は三百年以上の伝統に育まれている。元禄九年(一六九六)の文献に、すでに五十五石、麹三割の酒屋としての記載もある。そのことから橘倉酒造の創業は少なくとも今から三百二十年は前の元禄時代にさかのぼる。橘倉の屋号は先祖ゆかりの橘に由来するのだという。元文元年(一七三六)には主人は清内《せいない》を名乗り、以後天保時代まで代々襲名した。その後橘倉酒造は文政年間には製薬も営むなど地域経済の発展に貢献、明治以後は自由民権の思想家

たちとも親交、戦後は蔵元井出氏一族の長老的存在でもある井出一太郎氏が農相として大きな役割を果たすなど、国政の一翼までも担った。

現在の井出民生蔵元は十八代目、酒銘柄の「菊秀」の本醸造、純米吟醸いずれもふくよかに、飲みやすく味わい冴え、洗練もされてすばらしい。なにしろ関東信越国税局の酒類鑑評会でも二〇一四年秋までに優秀賞四十一回（連続十四回）。造る杜氏はその間伊達靖雄杜氏（越後）から畑寿春杜氏（佐久）へ、地元出身杜氏に変わっている。

とくに大吟醸は「蔵」と銘打って、酒の滴《しずく》の芸術品と思われる出来栄え。本格そば焼酎の「峠」の命名は、現蔵元の実兄の一人で秩父困民党を描いて直木賞も受けた作家井出孫六による。秩父困民党の人たちは峠を越えて佐久の地にも逃れてきた。井出家ではその人たちをかくまって助けもした。そうした史実も生きている本格そば焼酎の「峠」、佐久平ならではのそばの風味豊かに、すぐれた味わいである。

水尾《みずお》

㈱田中屋酒造店
〒389-2253　長野県飯山市大字飯山二二二七
℡０２６９（６２）２０５７　fax０２６９（６２）１２０３

冬は二メートルを越える豪雪で知られる飯山で、田中屋酒造店は明治初年から酒造を営む。武田信玄の一族の末裔・武田貢一が、江戸時代から続く田中家に婿養子に入って造り酒屋を始めた。

酒造りは積雪におおわれた蔵の中で行なわれる。仕込水はさらに十五キロほど北の野沢村の水尾山の麓から湧き出る天然水を運んできて、全量この水を使って仕込んでいる。原料米は蔵から五キロ圏内で栽培している地元産の酒造好適米の「金紋錦」を主に使い、「ひとごこち」も併用している。

こうして生まれる田中屋酒造店の「水尾」は、二〇一二年十月、関東信越国税局酒類鑑評会で、最優秀賞首席の栄冠を得た。何がこれほどすぐれた名酒を育てたのだろうか。「良い水を使い、

良い米を使い、そして基本に忠実な良い造りをする。こうしてできたあたりまえに良いお酒を、お客様方にあたりまえに飲んで頂こうと思って、造っております」と田中隆太蔵元は語る。杜氏も蔵人も地元の人たちで、全員が車で十五分ほどの蔵の近くに住み、積雪の中でも生活を共にし、協力し合って早朝・深夜の作業もこなす。

その上、田中隆太蔵元の熱心も並外れている。「金紋錦」の米にしても、新潟の魚沼につづく近くの穀倉地帯水島市の田で契約栽培するだけでなく、田中蔵元自身日々稔りを見て回る。この米と水へのこだわりに加えて、「水尾・純米大吟醸」などは、長期低温発酵でしんぼう強く、無類に巾のある香りのひろがりを保ち、飲み飽きしない上質のきめ細やかな味わいに育てる。「水尾・特別純米酒・金紋錦仕込み」、「水尾・特別本醸造」（「ひとごこち」一〇〇％）もすぐれ、全国酒類コンクールでも常に高位入賞を続けている。

杉錦

杉井酒造㈲
〒426－0033　静岡県藤枝市小石川町四ー六ー四
TEL０５４（６４１）０６０６　fax０５４（６４４）２４４７

静岡県藤枝の「杉錦」は、忘れがたい手造りならではの名酒である。

蔵元杉井酒造は、天保一三年（一八四二）初代杉井才助が豊かに清水の湧き出る藤枝・小石川の常泉寺という寺の隣に酒蔵を建てて、酒造りを始めた。ここは大井川水系の伏流水に恵まれる上、志太平野の穀倉地帯にも位置する。

現在の杉井均乃介蔵元は、東京農大醸造学科出身のエキスパート。酒造の実習と研鑽を重ねて、しかもひたすら手造りにいそしむ。ついに二〇〇一年からは自ら杜氏となって、蔵人たちに率先してともに日夜研鑽を重ねて、酒造りに丹精これ努めた。

そのかいあって二〇〇六年秋季の全国酒類コンクールの純米部門で、生酛《きもと》造りの特別純米酒が第一位の栄冠を得た。また、山廃酛によるしずく取りの純米大吟醸も名酒ひしめく静岡県清酒鑑評会で平成一八年にトップの会長賞を受け、名酒中の名酒たることを実証した。

杉井蔵元・杜氏は、このように安易な機器だよりの現代の酒造りに流れず、あえて難しい日本酒本来の技法である「生酛」や「山廃酛」による手造りに徹し、でき上がった酒も活性炭によるろ過などをせず、生きた酒を愛好者・消費者に提供しようと、涙ぐましい努力を重ねている。この蔵元に共鳴して酒造りにいそしむ蔵人たちも皆若いと聞く。

ほんとうに生きた日本酒を飲みたいなら「杉錦」を飲め、とお薦めしたい！

▽「杉錦・生酛・特別純米」 酛造りに手間のかかる生酛で仕込んだ味わい絶妙の純米酒。静岡県産の最上の酒造好適米を六〇％精米して造る。デリシャスな酸味と、味わいの深まりの調和がすばらしい。

▽「杉錦・しずく取り生酛・純米大吟醸原酒」「山田錦」を四〇％まで磨いて特別の酵母で仕込む。麹米も麹蓋でつくる。貴重なこの酒が口に入る人は仕合わせである。

花の舞

花の舞酒造㈱
〒434-0004　静岡県浜松市浜北区宮口六三二
TEL０５３（５８２）２１２１　fax０５３（５８９）０１２２

遠州浜松の花の舞酒造は、江戸末期の元治元年（一八六四）現在の浜北区宮口の地に創業。天竜川沿いに昔から伝わる奉納おどりの「花の舞」を酒銘にした。菩提寺の門前に酒造場があり、酒蔵の大屋根が今も創業時を物語っているようだ。

酒蔵の背後には、南アルプスの赤石山脈の峰が連なり、その天然の雪融けの清冽な伏流水がこんこんと蔵内に湧き出る。米も早くから地元農家と契約して、本場の兵庫に劣らぬ上質の「山田錦」も収穫している。

とりわけこの花の舞酒造で画期的だったのは、一九七三年に二十代の若さで社長となった高田和夫現蔵元が、英断を以て社員の中から技能優秀な地元出身の土田一仁さんを抜擢して杜氏としたことであろう。土田杜氏は現在数々の「花の舞」の名品を生み出している。すべて静岡県新酒鑑評会で県知事賞、名古屋国税局鑑評会で局長賞、全国新酒鑑評会でも金賞の三冠も樹立した。

思い起こせば昭和五〇年代のこと、鑑定官出身で酒造界改革の意気盛んだった穂積忠彦氏が、この花の舞酒造の造りを熱心に支援した。立教大教授で酒好きだった船戸英夫氏と私も、陰ながら「花の舞」に声援を送ったことであった。そんなわけで、今も全国酒類コンクールで「花の舞」の出品が次々高位入賞を果たされているのを知ってうれしい。

最近出会った名品をご紹介しておこう。

▽「花の舞・山田錦・純米吟醸」　静岡県産の山田錦を五五%まで精米して仕込んだ。日本酒度プラス三。ほどほどの辛口で、フレッシュなフルーティな香りと味わい。飲むにつれて爽やかな旨みが、酒を味わう喜びをしみじみ感じさせる。

木曽三川《きそさんせん》、武陵桃源《ぶりょうとうげん》

内藤醸造㈱
〒495－0022　愛知県稲沢市祖父江町甲新田高須賀五二－一
TEL 0587（97）1171　fax 0587（97）2147

濃尾の代表酒、稲沢市祖父江町高須賀の内藤酒造は、文政九年（一八二六）初代内藤利助が、地元農民の年貢米による酒造りを営んだのがはじまり。以来百九十年、濃尾平野の肥沃な米どころの利と、「木曽三川」の酒銘のとおり、木曽川、長良川、揖斐川の伏流水という豊かな水に恵まれ、冬は伊吹おろしによる寒冷な、絶好の酒造り環境の中で、すぐれた名品を生み出してきた。

戦後本格焼酎、味醂等の製造免許も取得して、尾張ならではの伝統の一翼を担うが、濃尾の季節風ともいえる伊吹おろしの吹きはじめる十月下旬から、雪の中三月上旬にかけての厳寒期の酒造りで、声価を高めている。

木曽川主流の伏流水は、好個の軟水で酒の味わいをなごやかに深める。造る杜氏は以前は越後杜氏、次いで南部杜氏が誠実に口当たりのよい地元好みの酒質を育てて伝承した。今は蔵元の令兄自ら研究熱心な社員杜氏として、東海でも際立つ名品を生み出している。

全国酒類コンクールでも「木曽三川・武陵桃源」（純米吟醸）が二〇一二年秋季に第二位、翌二〇一三年春季には第一位特賞を受け、華やかな香りと、米の旨味を生かしたコシのある味わいで、全国区名酒の地歩を進めた。米は山田錦使用。

愛知県産の酒造好適米を五五％精米して仕込み、フルーティな純米酒として、さらに〇℃に管理された氷温蔵で貯蔵熟成した生貯蔵の特別純米酒「木曽三川・氷の精」や、純米吟醸の「木曽三川・虹のしらべ」も大吟醸も、次々酒類コンクールの高位に進出して、名品の「木曽三川」の輪をひろげた。いずれも地元名古屋の「三越」や「名鉄百貨店」の本店や一宮店に置かれて、市民の人気を集めている。

宮の雪、久寿《くす》

㈱宮崎本店
〒510－0104　三重県四日市市楠町南五味塚九七二
TEL 059（397）3111　fax 059（397）3113

「宮の雪」の宮崎本店は、弘化三年（一八四六）三重県四日市の郊外にある楠町に創業した。楠町は鈴鹿連峰から流れる鈴鹿川の清流の伏流水に恵まれ、冬には鈴鹿おろしの寒風の中で酒造りの盛りを迎える。酒造に絶好の地勢に、江戸期すでに三十数軒もの造り酒屋が軒を連ねたという。維新戦争その他あって、いまや宮崎本店のみが歴史を誇る。宮崎本店の酒造場には、江戸、明治、大正、昭和の四代の酒蔵が残り、しかも最新鋭の全自動発酵装置が稼動している。

先々代の蔵元は阪大工学部出身の醸造発酵の権威であった。宮崎由至前蔵元は慶応大出身で経営・酒造界への貢献、往く所可ならざるはなく、後継・宮崎由太も育成して、「亀甲宮」の焼酎で知られた家業はさらに発展を続ける。

「特選街日本酒コンテスト」のあった昭和六〇年代、主銘柄「宮の雪」の本醸造酒「極上・宮の雪」

は、早々に日本一となって全国に名声を博した。地元の伊賀米も使い、六〇〜六五%精米して、701号酵母で仕込む。酸度一・四、アミノ酸一・七、日本酒度プラス一、快い香味のバランスよく、すっきりと味わいも爽やかにすぐれている。その後の全国酒類コンクールでも度々第一位を重ねている。

その「宮の雪」の粋は「宮の雪・大吟醸」であろう。酒米の最高峰「山田錦」を精米歩合四〇%に丹念に精白し、練達の南部杜氏が丹念に精魂こめて醸し、造り上げた大吟醸。アルコール度一七%以上一八度未満でコクもしっかり。香り華やかに馥郁《ふくいく》として、まろやかな味わいも満点である。海外のコンテストでもゴールドメダルの常連。

本格焼酎にも逸品がある。

▽「時乃刻印」　米一〇〇%の本格米焼酎。樽貯蔵した、ほんのりとしたほのかな香りと、米の旨さを伝える名品。全国酒類コンクールで二〇一二年春季第一位。

▽「久寿」　麦焼酎。麦一〇〇%で仕込み、蒸留したものをさらに樽貯蔵した名品。麦焼酎特有の爽やかさに、貯蔵による風味の深まりを加えて、調和した味わいが美味しく定まっている。全国酒類コンクールの麦焼酎部門で第一位を重ねる。

元文《げんぶん》

布屋 原酒造場
〒501－5121 岐阜県郡上市白鳥町白鳥九九一
TEL0575（82）2021 fax0575（82）6233

「元文」の酒銘で知られる郡上市白鳥町の原酒造場は、その銘のとおり元文年間の五年（一七四〇）、徳川八代将軍吉宗公の時代からの「布屋」ののれんを誇る。が、それよりはるか昔からの歴史も原家にはある。もともと原家は、推古天皇の時代に聖徳太子の側近として仕えた秦河勝《はたかわかつ》の末裔という。平安時代には藤原姓を授かって朝廷に仕えたが、平家一族と親しかったため、源義経に追われることになり、文治元年（一一八五）それまで住んでいた京都大原から近江八幡の弟子筋に当たる楽人の館に身を寄せた。その近江八幡の市場で、一族は不思議な白布を手に入れる。それは以後災厄を逃れ幸運を約束させるという目出度い白布だった。その白布を手に、一家は近江から美濃・郡上へと逃れて、姓も藤原から原へ改めた。

元文五年に原家の当主原左近右衛門正繁が酒造を郡上に創業した際、屋号を布屋としたのは、この家に瑞兆をもたらした白布を記念したのである。

現在の当主・原元文蔵元は東京農大醸造学科の出身。自ら杜氏として、郡上ならではの名酒「元文」を醸し出す。〝郡上の地酒〟と銘打っているのは、古来水神と崇められてきた白山を源とする清涼川と長良川上流の最北に郡上があり、創業以来その伏流水を仕込み水に使ってきた自然条件を大切にしてのこと。

さらに原蔵元・杜氏にもう一つ重要なこだわりがある。それは花酵母である。

原蔵元は東京農大在学中、花酵母分離に必要不可欠とされる抗菌性物質・イーストサイジンの研究に、早々から関わった。イーストサイジンとは何か。原蔵元に訊くと、それはある一定の条件下で培養・生産される抗菌性物質で、通常の醸造過程では生産されない物質の由。しかも、このイーストサイジンの環境下では、清酒酵母以外の醸造酵母は増殖できない。ビール酵母、ワイン酵母、パン酵母その他一切増殖しない、という特性をもっている。

逆にイーストサイジンのこの性質を応用することによって、たとえば自然界から天然の優良な清酒生成酵母を分離することができる――こうして誕生することになったのが、今方々で話題にもなり、優秀酒を生み出すことにもなっている「花酵母」である。

東京農大時代、イーストサイジンの研究に参加して、進められていた花酵母研究でいわば一期生だった原蔵元は、二〇〇五年度以来自製酒のすべてをその花酵母で造ることにした。

花酵母はいうまでもなく天然の花の数々からそれぞれ分離された清酒酵母である。マンゴーなどの果実酵母に対して花の酵母である。原酒造では花酵母さくらをベースに、つつじ、月下美人、菊等の酵母を使って、次々と名品を誕生させた。「花酵母名品集」ともいうべきこのシリーズをご紹介しておこう。

▽「花酵母さくら」　本醸造、アルコール度一五・六%、日本酒度プラス四、酸度一・五、アミノ酸度一・四。上品でふくよかな香り、すっきりした味わい。

▽「花酵母つつじ」　特別本醸造。アルコール度一五・六%、日本酒度プラス一、酸度一・四、アミノ酸度一・四。口当たりが優しく、口に含んでからの含み香も快い。しっかりした味わい爽やかである。ちなみにつつじの花言葉は〝愛の喜び〟〝初恋〟〝情熱〟。

▽「花酵母月下美人」　特別純米酒。アルコール度一五・六%、日本酒度プラス二、酸度一・五、アミノ酸度一・五。キリッとした味わいと爽やかなのど越しが光る。

▽「花酵母菊」　大吟醸。アルコール度一五・六%、日本酒度プラス三、酸度一・四、アミノ酸度一・三。爽やかな香りでキレのあるさっぱりとした味わい。

これら「さくら」「つつじ」「月下美人」「菊」はそろって全国酒類コンクールで各部門高位に進出。とくに「花酵母つつじ」（特別本醸造）は一位の実績。なお布屋のれんの代表酒「元文」は花酵母さくらをベースに、つつじ、月下美人、菊の粋をブレンドして造る。快い香りとすっきりした飲み口で、冷やでも燗でも楽しく美味しい。

山車《さんしゃ》

㈲原田酒造場
〒506－0846　岐阜県高山市上三之町一〇
TEL 0577（32）0120　fax 0577（34）6001

飛騨高山は祭の山車にも代表される絢爛たる独自の文化を中世、江戸時代以来育ててきた。その高山の城下三之町に、酒銘も「山車」の原田酒造は安政二年（一八五五）に創業、初代打江屋長五郎より現代の原田勝由樹蔵元まで十代にわたって名品を造り続けてきた。とくに現蔵元が「花酵母」を使って、次々秀作を造り出すに到って、高山酒の名声を高めている。

原田蔵元は平成一三年の冬、東京農大時代の恩師で、花酵母の開発者である中田久保教授に呼ばれて、その研究室を訪ねた。そして、すでに花酵母を使って市販化されている他社製品をテイスティングした瞬間「脳天から爪先まで雷が走った」という。「日本酒にはまだこんなに未知の可能性があったのか」と武者震いした。そして、平成一七年度からアベリア、ベゴニア、ナデシコ、ツルバラ、日月草、月下美人などの花酵母を使い、たちまち秀作を出して、花酵母それ自体が日本酒の長所を個性的に引き出し、日本酒本来の旨さや、無限の可能性を花開かせてくれることを実証した。

なかでも「山車・大吟醸・あべりあ」は早々に全国酒類コンクールでも第一位に入賞して、名声を博した。純米大吟醸の花酵母造りもすぐれる。

▽「山車・大吟醸・あべりあ」 兵庫県産「山田錦」を四〇%まで磨いてアベリアの花酵母で仕込んだ。酸度一・四、日本酒度プラス三、すっきりとして華やかな香りとふくらみのある旨みすぐれる。

▽「山車・純米大吟醸・花酵母造り」 岐阜県産「ひだほまれ」を五〇%まで精米して、アベリア花酵母で仕込む。酸度一・四、日本度プラス三 爽やかなリンゴのような風味で飲み口もやさしい。

深山菊、四ツ星、ゆず兵衛《べえ》

㈲船坂酒造店
〒506−0846　岐阜県高山市上三之町一〇五
TEL 0577（32）0016　fax 0577（32）2824

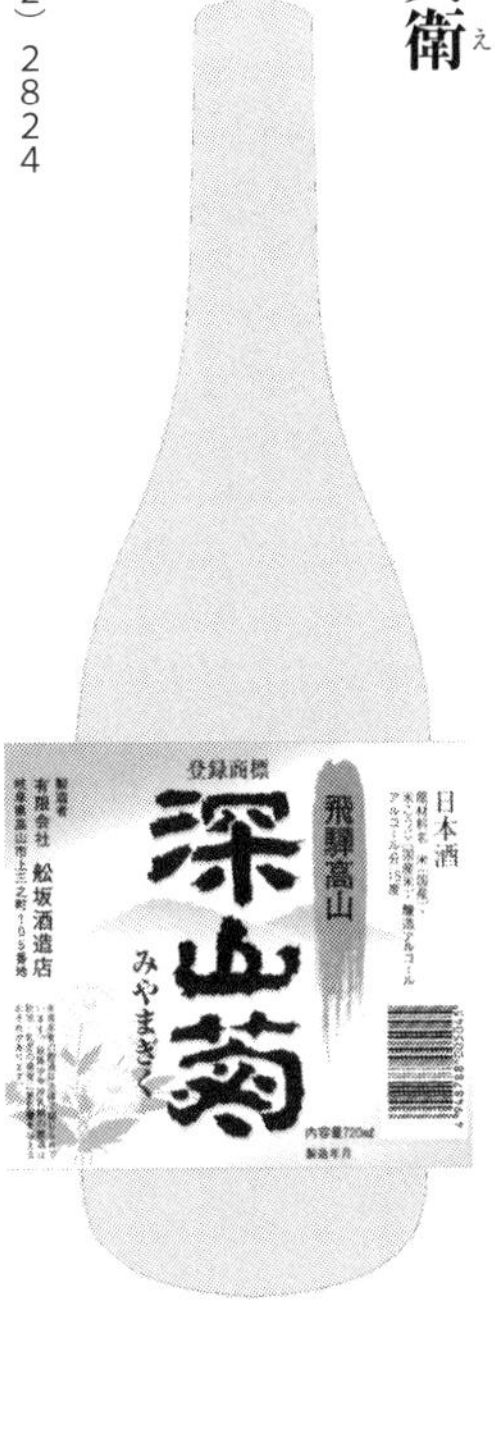

伝統と文化を脈々と守りつづけてきた飛騨高山の中でも、とりわけ酒造りを通じてその古き街並の情緒を、手造りの名酒の味わいで伝えるのが、船坂酒造店である。宮川の清流に沿った古い街並の一角に、二百年余の昔ながらの店構えを、さやかにとどめている。

飛騨杜氏きっての匠・平岡誠治杜氏が健在なのも心強い。岐阜県知事認定の平成二五年度「卓抜した技能者」の平岡杜氏は、日夜妥協のない酒造りにいそしむ、この技を極めた杜氏の造りに迷いはない。船坂酒造の名品を口にできることはしあわせである。

商標にも思い入れがある。三つの星は酒造りに欠かせぬ「米」「水」「風土」を表し、その三点をこの蔵に関わる人々の情熱がつなぐのだという。そして飲む人の笑顔にもつながる。

▽「深山菊」　特別純米、純米大吟醸。「深山菊」はこの蔵の主銘柄である。とくに純米大吟醸の「深山菊」は二〇一七年春季全国酒類コンクールで第一位となった。兵庫県産の山田錦を五〇％まで精米して、1801酵母で仕込む。日本酒度マイナス一、アミノ酸一・二で旨さを快く湛《たた》え、マスカットのような清々しい香味が口中にひろがる。のど越しも爽やかである。

▽「四ツ星・大吟醸」　やはり全国酒類コンクールで高位入賞をつづける。兵庫山田錦を四〇％まで磨いて仕込む。酵母は1801号。平岡杜氏理想の名品。香味微妙繊細を極め、完成度が極めて高い。高山酒のレベルの高さも知らされる。

▽「ゆず兵衛」　日本のリキュール界のピカ一を誇る名品。原料はゆずのエキスであるが、ゆず本来の自然の酸味と甘味を生かし切って、どんな果実原料にも勝る妙味に昇華している。万人に喜ばれるリキュールである。全国酒類コンクールのリキュール部門にも出品されて、毎回首位の第一位特別賞を受けている。

白真弓《しろまゆみ》・やんちゃ酒

㈲蒲酒造場
〒509-4234　岐阜県飛騨市古川町壱之町六—六
℡0577（73）3333　fax0577（73）6367

岐阜県古川町で最古の歴史を誇る「白真弓」の蒲酒造場の創業は宝永元年（一七〇四）。初めてこの蔵を訪れた日の感激を今も忘れない。それはちょうど四月中旬の〝起こし太鼓〟の催しで知られた古川町あげての〝やんちゃ祭〟の日であった。当時蔵元だった蒲茂太郎さんも夫人も、「白真弓」の蔵に集まってきた町の人たちをもてなすのにてんやわんや。ご馳走の膳が並ぶ、お赤飯も出る、そしてその名も「やんちゃ酒」も大振る舞いだ。

そして夜八時ごろ「来たぞー」の声が上がって、客たちは表の通りに面した母屋の二階に駆け登る。その年選ばれた童貞の主役の若者を乗せた勇ましい山車が担がれて、ほとんどスレスレの間に通りがかって、祭りの興奮は絶頂に達する。ほんとうに蒲酒造の蔵はこの町の名物「やんちゃ祭」と一体になっていると感じた。

そして、造られる「白真弓」のお酒も、その名も「やんちゃ酒」（本醸造）はじめ、「Ｊａｎｐａｎ」と銘打った日本初のシャンペンタイプの佳麗なスパークリングのお酒に到るまで、どれを飲んでも生き生きと祭りの思い出を甦らせてくれる。

今、蒲酒造場はかつての蒲夫妻の愛娘に引き継がれて、蒲敦子蔵元がますますイキのいい酒造りをつづけているのも嬉しい。杜氏は新潟出身の藤井藤雄さん。

▽「白真弓・やんちゃ酒（本醸造）」県産米の「ひだほまれ」を六〇％まで磨いて9号酵母で仕込む。酸度二・五、アミノ酸度一・八、日本酒度プラス三。快くキュンとくるようなコク味が実にすばらしい。酒類コンクールでも香味満点の第一位。「白真弓」の特別純米酒、純米吟醸もすぐれて旨い。

▽「Ｊａｎｐａｎ（じゃんぱん）」シャンペンと同じにスポンと栓の抜ける瓶に入っている。それでいて中身はすぐれた純米の酒なのだから楽しい。「ひだほまれ」を六〇％精米して仕込み、酸度をきかせて三・二、アミノ酸度一・七に仕上げている。そして日本酒度はなんとマイナス二二、アルコール度は一一・五％。爽やかな口当たりと、純米ならではのやわらかみのある旨味といい、まさに名シャンペンをしのぐ日本産さらではのスパークリング・サケ！である。

成人式もこれで行こうぜ、みんな！

蓬莱《ほうらい》

㈲渡辺酒造店
〒509－4234　岐阜県飛騨市古川町壱之町七‐七
TEL 0577（73）3311　fax 0577（73）5959

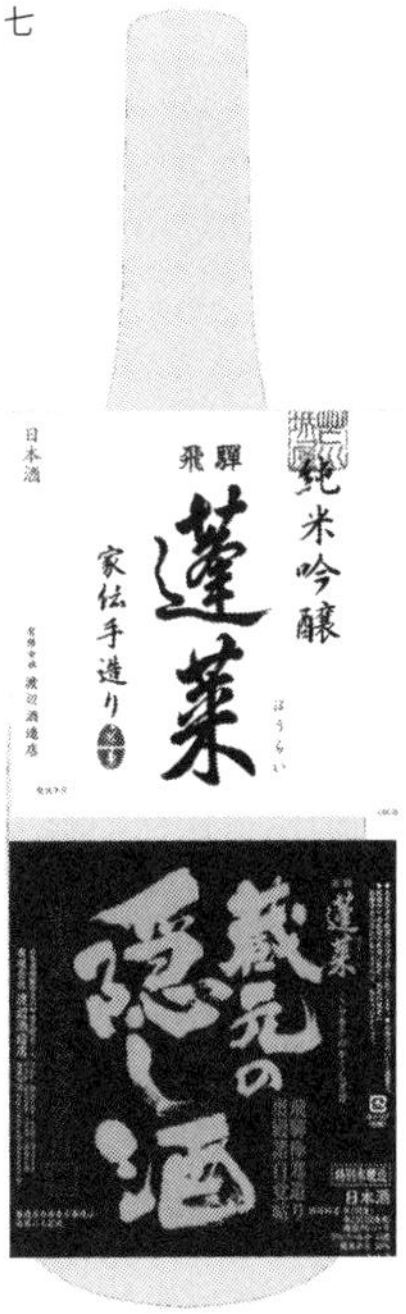

古川町は北アルプス連峰や飛騨山脈の山々に囲まれた静かな盆地にある。とりわけ壱之町は出格子の古くからの商家が立ち並び、その中でも、文化財ともなった酒蔵のある渡辺酒造店の藍の暖簾のかかるたたずまいは奥ゆかしかった。

もともと渡邉家は、享保一七年（一七三二）に初代久右衛門がこの地で「荒城屋」の名で業を起こし、三代目久右衛門は両替商も兼ねて生糸を扱って京都で販売もした。酒造を始めたのは明治三年（一八七〇）五代目久右衛門のときで、京都に生糸の商いで行った折、口にした酒の旨さが忘れられず、一念発起して酒造を興したという。この人は酒興で謡曲の「鶴亀」を謡うのが好きで、その一節から「蓬莱」の語をとって酒銘に定めた。

前に私が訪れたのは八代目渡邉久郎蔵元のころで、蔵のたたずまいも奥ゆかしく、まさに

〝静〟そのものであった。

それから約三十年の後、同じ渡辺酒造を訪ねると、蔵元は前の八代久郎蔵元夫妻の御曹司九代目久憲氏の代となり、その令弟でセールスや広報のマネージャーでもある隆さんと出迎えられた。蔵の入口のたたずまいは変わらないが、一歩中に入ると天地生動したかと思われるほど、蔵内の活気が伝わってきた。〝動〟に一変していたのである。

蔵に入ってたちまち高い天井にも、ズラリと並ぶタンクにも、響けとばかり聞こえるのは「〝お笑い〟なんです。モーツアルトの音楽を流す蔵は今ではほうぼうにありますが、うちでは漫才のお笑いを醪に聞かせております。これで醪もはしゃぎ出すのか、実に効果がありま す」と隆マネージャーがおっしゃる。とにかく蔵内が賑やかに活気づいている。

たしかに酒もちがってきた。「蓬莱」に「蔵元の隠し酒」という新聞紙にくるんでその銘だけ貼り付けた一升瓶入りの本醸造があるが、初めて全国酒類コンクールに出品された二〇一〇年春季に、いきなり本醸部門第一位となり、以来翌年秋季には連続一位で審査員特別賞も受け、毎回すごい迫力で二〇一七年秋季に到るも連続一位の記録を樹立中である。

この「蔵元の隠し酒」だけではない。「蓬莱・家伝手造り」の純米吟醸も頭角を顕わして、二〇一六年春季全国酒類コンクールの最激戦部門である純米吟醸・純米大吟醸部門で第一位となる。飲み口清《すが》しく冷で飲んでさらりとした香りもさわやかに、飛騨ほまれの味わいを伝える。「飛騨の田んぼ」という純米酒も、全国酒類コンクールの純米酒部門で第一位となった。「大切に育てた米をなんで仰山削《ぎょうさん》るの？」農家のお百姓たちは悲しそうにした。それを見た渡邉久憲現蔵元が「よし、この一生懸命の農家の人びとを喜ばせる酒を造ろう」と、精米歩合六〇％にとどめて自然の味わいを生かそうと造った純米酒——米の旨みもすっきりと生きて芳醇、すばらしい純米酒が生まれた。

そればかりではない。レギュラー酒のコンクールでも「蓬莱」の「〇搾《まるしぼ》」という近来まれな逸品を出品。審査員たちを驚嘆させる味わいで二〇一五年（二〇一七年にも）に第一位特賞を受けた。とてもレギュラー酒とは思えないほどの芳醇さでジューシー。冬季にたった一度だけの瞬間に搾り取った貴重な名品である。

国内でのコンクールだけでなく海外でも次々ゴールドメダルに輝く。こうなると蔵人たちだけでなく裏方やセールスの社員たちまで意気軒昂。〝お笑い〟の効果は実に大きいのである。「君の名は」の映画に感激した新人の女性社員二人の提言による「聖地の酒」が人気を博したのも別稿のとおり。その「聖地の酒」は二〇一七年春季全国酒類コンクールに出品され、純米吟醸・純米大吟醸部門で第一位特別賞となった。

渡邉久憲蔵元は修業時代、長野大町の「白馬錦」で厳しく薫陶を受けた。いま「蓬莱」躍動目覚ましい中にあってもどっしりと家伝を大切にひたすら向上を目指す。「蓬莱」を横綱に推した所以である。杜氏は南部出身気鋭の岡田喜栄治さん。

千代菊、光琳《こうりん》

千代菊㈱
〒501-6241　岐阜県羽島市竹鼻町二七三三
TEL ０５８（３９１）３１３１　fax ０５８（３９１）５０２２

「千代菊」は、昔蒲生氏郷に従った祖先の板倉吉之が美濃国竹ヶ鼻村の現在酒蔵のある地に居を定めたことに始まり、元文三年（一七三八）に七代目板倉又吉が酒造りを営むに到ったという。

酒蔵は、まさに濃尾平野の大穀倉地帯の中心ともいうべき位置にあり、長良川の豊かな清流がすぐ近くを流れて、その伏流水が地下水となって湧き出る。そして造りの季節には伊吹おろしが吹いて、絶好の寒造りの環境を形造るのである。

こうして造られる「千代菊」と特定名称ハイクラスの「光琳」はことごとく名酒・名品ならざるはなし。全国新酒鑑評会での金賞受賞数は酒造界屈指。全国酒類コンクールでも、千代菊・特醸酒本醸造、光琳・紅白梅・大吟醸などが度々第一位となった。

また、とくにこの蔵の名を高めているのは、原料米に有機米を使用していることで、愛好者も参加してのアイガモ農法による有機米栽培もすでに二十年近くになる。現代人の健康や、自然保護にも貴重な貢献をつづけつつ、「千代菊」の酒造りはたゆみなくつづけられている。杜氏は地元岐阜出身の片野義人さん。

▽「千代菊・特醸酒（本醸造）」　原料米は「秋田おばこ」を六五％精米して901酵母で仕込む。日本酒度プラス三。寒中に丹念に醸した本醸造酒に、吟醸をブレンドした特醸酒。実にコクも香りもあって旨い。

▽「光琳・有機米純米酒」　有機米の「日本晴」を六五％精米して、901酵母で仕込んだ。日本酒度プラス二。アイガモ農法によるJAS有機認定米を一〇〇％原料に醸した純米酒。呑み口爽やかに味わいふくよか。全国酒類コンクール第一位。

▽「光琳・有機純米吟醸」　地元の有機米「ハツシモ」を五五％まで磨いて原料に、901酵母で仕込む。日本酒度プラス一。香味冴えわたって余韻に快い深さがある。全国酒類コンクール第一位。

ほかにワイン酵母を使用して醸造した原酒を蔵内に三十年にわたって秘蔵した古酒は、とびきりの逸品。

喜楽長《きらくちょう》

喜多酒造㈱
〒527―0054　滋賀県東近江市池田町一一二九
TEL0748（22）2505　fax0748（24）0505

「伝統とは変革の連続である」、と滋賀の名酒、東近江の「喜楽長」の蔵元・喜多良道は語る。喜多家の初代儀佐衛門が、江州米の穀倉地帯の只中・八日市で酒造りを始めたのは、文政三年（一八二〇）。以来現在の良道蔵元で八代目となる。

良道蔵元がまだ小学生だった昭和四三年、三十八歳の若さで六代目蔵元だった尊父が亡くなった。生前の尊父はわが子良道さんに何かと話して聞かせた。幼い身には難しくてわからない言葉ばかりだったが、「よい酒というのは水晶玉のようなもの」という言葉が記憶に残る。そして、良道蔵元自身、日本酒界の興亡ただならぬ中、実感するのは、伝統とは変革の連続だが、〝不易流行〟、守らねばならないことがあるということ――どちらもいい言葉である。

そして造られる「喜楽長」は、現在名酒遍く日本酒界でも有数のすぐれたお酒である。造りの段階で群を抜いている。元鑑定官室長で学術上の褒賞も受けた碩学が、今の酒造所千余の中で酛造りをしっかりやれているところは十指に満たない、と断じ、「喜楽長」の喜多酒造を模範的な、数少ない貴重な酒蔵に挙げた。
「喜楽長」には、能登出身の天保正一という名杜氏が親子二代この蔵一筋にいて、今も「能登杜氏天保正一」の酒銘の大吟醸もあるほど大切にされているが、寒造りの最中など骨身を削るほどの日夜をつづけて、何十年も正月に能登の家に帰ったことがなかったという。この心労があったればこそ、最高に厳しい鑑定官の先生も納得させる酛造りの至芸も実現できたのだろう。能登杜氏の伝承、喜多酒造に今も絶えない。

近江八幡に「ひさご寿し」という有名な寿司屋がある。ビワマスの棒寿しから鱧寿し、近江牛のトロ寿し、鮒寿し、江戸前、フグ刺し、フグチリまですべて美味だが、この店で「喜楽長」の特別純米酒を飲んでみた。味には五味といわれるものがある。甘・酸・塩・苦・うま味の五種だと池田菊苗博士が唱えたようだが、これでは足りない。渋味というのも忘れてはなるまい。それらすべて合わせて昇華した最高の美酒の味わいだった。

美《み》冨《ふ》久《く》、三連星《さんれんせい》、昇天神

美冨久酒造㈱
〒528―0025　滋賀県甲賀市水口町西林口三‐二
TEL ０７４８（６２）１１１３　fax ０７４８（６２）１１７３

むかしむかしの中学時代、一九三〇年代から四〇年代への戦前、岩波書店発行の『国語』なる教科書に、あれはだれの文章だったのだろう、「水口どじょうすくいあげ、合いの土山雨が降る」と対になった句があったのを思い出す。やがて京に近づく東海道の江州の水口《みなくち》の宿場が歌にまで唄われていたのをかくて知った。

今滋賀県甲賀市（もとは郡）の水口町、無類に水のよいところである。お伊勢さんへ参る道筋にも当たって、三代将軍徳川家光が小堀遠州に城を築かせた城下町でもあった。城があるのはよい水の出るところに限る。ここは鈴鹿山脈や伊吹、比良からの水を豊かに集め、しかも江州米の育つ水田も広やかに、盆地なので昼夜の寒暖の差があって米も酒の醪も味わいを増す。水あり米あり、しかも米造りに絶好の自然と気象に恵まれた、水口を代表する酒蔵が美冨久酒造である。

大正六年（一九一七）、美冨久酒造の藤居家は、彦根に近い愛知《えち》川の本家から分かれて、水口の西林口に酒造を営んだ。今では「美冨久」の酒はその品質の卓越と旨さの秀逸で江州のみならず、畿内でも屈指を誇る。美冨久酒造では、水口の中でもとくに水質すぐれた鈴鹿山系からの野洲《やす》川の軟水の伏流麗水を自然の井戸から汲み、さらに濾過機を通して不純物を九九％除いた〝波動純水〟を仕込みに使う。

米は、前々から「吟吹雪」や「山田錦」など、地元近江米の粋ともいうべき酒造好適米を大切に使い、「キヌヒカリ」「日本晴」など新しい酒米の育成栽培にも気を配ってきた。

しかも、その造りは伝承の山廃仕込みなのである。蔵に住みついている自然界の乳酸菌を活用して酒母を育て、それを酛に昔ながらの手造りで仕込む。手間もかかるが、こうやってできる「美冨久」の酒は比類なくコクもあって爽やかな美酒に育ち、仕上がる。

丹念に仕込まれた「美冨久」は一味も二味も並みいる世の酒より香味すぐれる。特別本醸造や、「美冨久・大吟極醸」など、9号酵母を使うので香味のバランスすぐれ、幅広いまろやかな滋味もすばらしい。

「三連星」は、すべて吟醸規格の酒質で、生原酒を主体に、若い新たな日本酒入門者に最適の魅力に富んだ名酒。そして「昇天神」と銘打った純米大吟醸は全国酒類コンクールで二〇一六年秋季、一七年春季連続第一位。香味すぐれ品位も兼ねそなえた名品である。

弥栄鶴《やさかづる》、笑顔百薬《えがおひゃくやく》、旭蔵舞《あさひくらぶ》

竹野酒造㈲
〒627-0111 京都府京丹後市弥栄町溝谷三六二二-一
TEL〇七七二（六五）二〇二一　fax〇七七二（六五）二八七一

京丹後市弥栄町の「弥栄鶴」は、今や峰山、舞鶴地方も含めて丹後を代表する名酒に育った。戦争中の企業統制で休業を余儀なくされていた四軒の酒蔵が共同して再開したのは戦後まもなくの一九四七年。いつまでも鶴のごとくめでたく愛されるよう、地名の〝弥栄〟と、旧行待酒造の酒名の「千年勢」の千年から鶴を思って「弥栄鶴」を新たな酒銘とした。

この地方の酒蔵は代々但馬杜氏が造りを担ってきたが、普通酒を多く造ってきた。その流れが変わったのは二〇〇一年。当時専務だった行待佳平蔵元のもとに地元の郷土史家がやってきて一握りの米を見せた。これぞ往時の名酒米「亀の尾」であった。このことがきっかけとなり、地元の農家の協力を得て「亀の尾」の栽培が始められる。その他の原料米の酒造上の特質の研究等新たな米との取り組みも進んだ。

また、行待佳平蔵元自身は教員から酒造家となった人だが、令息佳樹さんを石川県加賀市の「常きげん」の蔵に留学させて酒造りを学ばせた。そこには能登杜氏四天王の長老・農口尚彦杜氏がいたのである。

前の但馬杜氏の死後、農口大杜氏から酒造りの特技もできる限り吸収した佳樹さんが帰ってきて、杜氏となる。そして取り組んだ亀の尾による「亀の尾・蔵舞」(純米酒)が、二〇一〇年春季の全国酒類コンクールの純米酒部門で見事第一位となった。

それまでにも「弥栄鶴・笑顔百薬」(純米吟醸)や「弥栄鶴・大吟醸」が、常にコンクール高位に入賞していたが、この「亀の尾・蔵舞」の第一位で「弥栄鶴」はいっそう酒質の輝きを増した。「亀の尾・蔵舞」につづいて「蔵舞」と銘打った純米酒・純米吟醸が次々生まれる。原料米栽培の協力農家も十軒に増えた。「亀の尾」も含め「旭」「祝」「祭り晴」「山田錦」の五種のすぐれた酒造好適米の栽培が進み、それぞれの「蔵舞」が、旨くて楽しいシリーズになったのである。

二〇一二年から香港へ輸出が開始され、一五年にはシンガポール、一六年にはヨーロッパのパリへも堂々出荷された。シャンゼリゼでこの美酒が飲まれるのは日本の誇りであるが、パリの人びとに負けないように、日本の酒徒もますます「弥栄鶴」「蔵舞」に親しんでほしいものだ。

沢の鶴、実楽《じつらく》、瑞兆《ずいちょう》

沢の鶴㈱
〒657－0864　兵庫県神戸市灘区新在家南町五‐一‐二
TEL 078（881）1234　fax 078（861）0005

灘の大手「沢の鶴」の創業は享保二年（一七一二）。浪速の十人両替の一人といわれた米屋平右衛門の別家が、灘五郷（西から西郷、御影郷、魚崎郷、西宮郷、今津郷）のうちの一つ、西郷で酒造を始めた。享保は、樽回船による灘ものの酒の江戸への出荷がいよいよ隆盛に向かい、「灘酒」の名も定まった時期であった。

灘酒の灘酒たる特質の第一は水にある。いうまでもなく「宮水」で仕込むということ。宮水は六甲山に降った雨水が石灰岩層を通り、伏流水となり、独特の硬水となって湧き出る。のちのち伏見のやわらかくはんなりとも表現された伏水《ふせ》と対照されることにもなるが、「沢の鶴」はこの宮水の源流に最も近い専用の井戸から汲み上げ、宮水中の宮水といえる水を仕込みに使ってきた。

そして、米はもともと〝米屋〟を名乗った祖先の始めた酒蔵で、※印が江戸時代からつづく商標であるだけに、原料米へのこだわりも抜きん出ている。地元兵庫の大粒心白の代表格の「山田錦」を大切に多用して、名品を造る。代々丹波杜氏の「灘本流」の酒造り、とくに伽羅《きゃら》の香りが匂い立つともいわれる、生酛造りも伝承・継承している。こうして造られる「沢の鶴」の純米酒は、出荷量も全国ナンバー1を誇っている。

最近まで三十数年「沢の鶴」の代表取締役を務めた西村隆治蔵元は、創業者から数えて十四代目であった。京大法学部博士課程を了え、助手になり、京大教官から転じて家業を継いだ。「沢の鶴」はもとより、「灘の酒」全体のことを思い、それにもまして日本酒そのものの越し方、行く末を思って、興隆を希む念の強かった人だ。その強い気持ちが、二〇一四年に出した『灘の蔵元三百年――国酒日本酒の謎』の一書にもよく現れている。日本酒はもっともっと世界に知られなければならない。国の内外で飲まれねばならない。それにはどうすればよいか、という日本酒を代表する造り手の強い意志で貫かれた本だ。

「沢の鶴」には重要有形民俗文化財の酒蔵資料館「昔の酒蔵・沢の鶴資料館」もある。社員約二百名中の百二十数人までが、唎酒師の資格も持っていると聞く。海外でのコンクール最高位受賞も数多である。

「沢の鶴」ならではの名品を挙げるなら、第一は「純米大吟醸・瑞兆」。最高の酒米「山田錦」を精米歩合四七％まで磨き、丹波流でじっくり醸し上げた。口中に含むと芳醇な吟醸の香味がまろやかに広がり、すがすがしく優しさに満ちたのどごし。

特別純米酒の生酛造り「実楽」も特筆しなければなるまい。「実楽」の名は、「山田錦特A」地区の地名で、兵庫県三木市にある。その「実楽」の契約栽培の「山田錦」を一〇〇％原料米として、名水百選の宮水で仕込んだ。その上生酛造りである。

「旨みそのまま一〇・五」も「沢の鶴」ならではの新開発の逸品。「特定名称酒」などで規定されている糀《こうじ》の使用割合（一五％）を、三〇％以上使用して、アルコール度数はワイン（一二〜一三％）よりも低い一〇・五％で、味わい深い旨い日本酒に仕上げた。二〇一一年発売直後の全国酒類コンクールで、早々第一位となり（新開発酒部門）、その他の審査会でも次々受賞して声価を高めた。「沢の鶴」の進歩性を体現した新製品だった。

さらに二〇一七年秋季全国酒類コンクールでは「古酒仕込み梅酒」がすごい評点を集めた。高雅な梅酒の味わいを、さらに古酒の深い香味が昇華して、まことに絶妙――この古酒仕込み梅酒でパーティの料理のコースが始められれば最高である。

八重垣《ヤヱガき》

ヤヱガキ酒造㈱
〒679－4298　兵庫県姫路市林田町六九谷六八一
TEL 079（268）8080　fax 079（268）8088

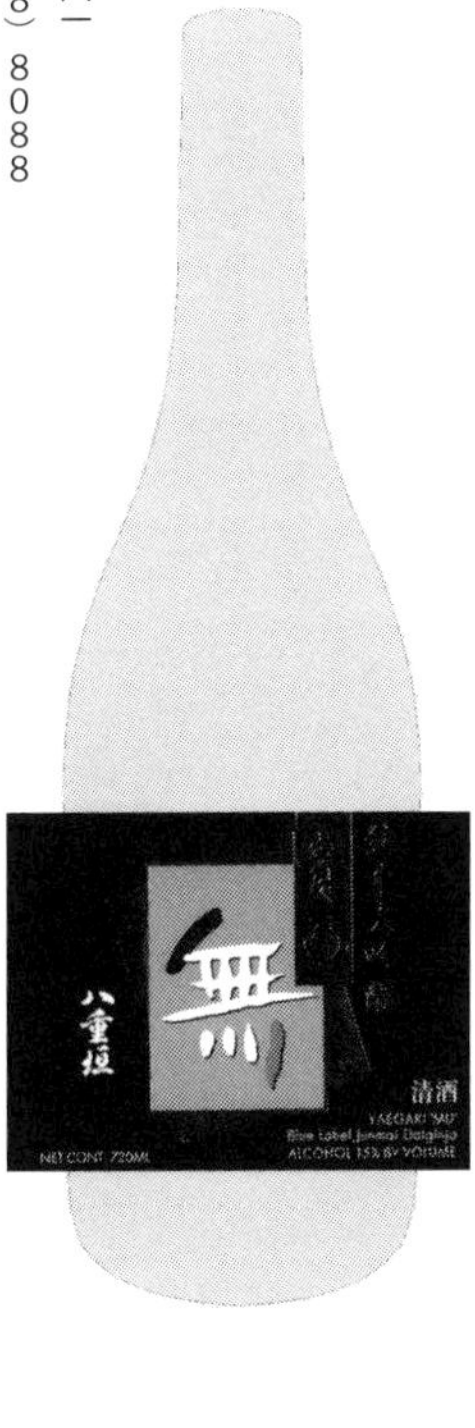

姫路に名だたる、というより日本に名だたる、いや今では世界に名だたる「ヤヱガキ酒造㈱」というべきであろう。「ヤヱガキ」の創業は寛文六年（一六六六）。藤原鎌足から数えて三十三代目の子孫・長谷川栄雅が、播州林田（現在の姫路市林田町）で酒屋と材木商を開いたのが初めである。

『古事記』や『日本書記』にも出ている。大国主命の祖・速須佐之男命《はやすさのおのみこと》は八俣遠呂智《やまたのおろち》を退治した後、櫛名田比売《くしなだひめ》と結婚するが、多くの神々に祝福されたこの結婚の喜びを「八雲たつ　出雲やゑがき　つま隠《ご》みに　やゑがきつくる　そのやゑがきを」と速須佐之男命は歌った。この心の底からあふれ出た喜びの歌から、長谷川家の酒銘は「八重墻《やゑがき》」と定まった。蔵のある林田町は姫路の北西部、空気は澄み林田川の日本の名水の伏流水に恵まれる。その上この蔵には現代の名工に数えられる但馬杜氏田中博和さんが健在なのも心強い。田中杜氏は一九四二年生まれの但馬杜氏の大長老で、今もバリバリの現役。何しろ二十九歳の若さで杜氏になって以来、但馬杜氏鑑評会で度々県知事賞に輝いてきた名杜氏。その田中杜氏は「酒は心で造るもの」という。当代の名杜氏が心をこめて、「山田錦」と鹿ヶ壺の伏流名水で仕込む「八重垣・特別純米・山田錦」こそは、日本の愛酒家ならば求めてやまぬ名酒中の名酒だろう。

「ヤヱガキ」の純米酒に初めて出会ったのは、今を去る四十年以上前の一九七四年、戦後の純米酒造りを先導した純米酒協会の研究会の席上だった。文句なしにこの「ヤヱガキ」、伏見の「招徳」、広島の「賀茂泉」等の純米酒の味わいに感心した。それぞれの個性にちがいがあるのに驚嘆もした。とくに「ヤヱガキ」は酸度高めのコク味の冴え爽やかな味わいだった。阪大発酵学科出身のエキスパートだった先代長谷川勘三蔵元はこう語ったものだ。

「味のバランスをとるために必要なのは酸ですよ」

このことも「八重垣・特別純米・山田錦」にはしっかり継承されているようだ。拡がるおだやかな香り、軽快な米本来の旨味と爽やかな酸味が見事にハーモニーを奏でる。権威ある「スローフードジャパン燗酒コンテスト」の二〇一五プレミアム部門でも最高金賞を受賞した。

太平洋、熊野水軍

尾崎酒造㈱
〒647－0002　和歌山県新宮市船町三-二-三
TEL0735（22）2105　fax0735（23）0009

和歌山県の紀伊半島の突端にある新宮は、関西の大阪辺りから出かけても、白浜、熊野灘を回って串本よりまだ先の、なかなか遠いところである。まして東京からとなるとかつて萩原朔太郎が「フランスに行きたしと思えど」の詩で遠いフランスを思ったほどに、遠いところだと、前に新宮の尾崎酒造を訪ねたとき実感した。

しかし、一大決心をしてその新宮を訪ねてみると、ほかに類を見ないほどすばらしいところだ。文学者としてはかの佐藤春夫の生まれたところで、その生家には後年佐藤春夫自身書斎に使った部屋もあるし、家自体が記念館になっている。若い世代では芥川賞を受けた中上健次の生地である。文化学院の創始者である西村伊作もこの町出身で、その記念館もある。徐福公園という、秦の始皇帝の命を受けて二千何百年もの昔、男女数千人の船団で不老不死の妙薬を求めて日本に来航した、その徐福の像を祀ったゆかりの地もあった。

その上今や世界遺産にまで登録された熊野古道の入口の都として、新宮はますますスポットを浴びている。そういう新宮の、熊野三山の水を集めて流れる熊野川の、清冽な伏流水で名品「太平洋」を造るのが、熊野川畔の新宮市船町に酒蔵のある尾崎酒造、本州最南端の蔵である。

厳冬の季節には、酒蔵の北窓から、熊野川の川面を渡る北風が吹き込む。寒冷の中で手造り「太平洋」が醸し出される。こういう自然環境を生かして、じっくり丹精こめて仕込む山廃仕込みの「太平洋・山廃仕込み特別純米酒」はほんとうにすばらしい。芳醇な香味とほどよいアミノ酸度が快く調和した名品。

「熊野水軍」の本格米焼酎もすぐれる。熊野水軍の酒銘は、源平時代以前から新宮に組織されていたこの名の水軍がめっぽう強くて、壇ノ浦の合戦では源氏の軍勢に加わって戦功を立てた、その故事に由来したものである。吟醸粕を使い、低圧単式蒸留器によって手造りの風味を生かした。全国酒類コンクールで香味とも満点の評価を受けた実績が光る。

千代むすび

千代むすび酒造㈱
〒684-0004　鳥取県境港市大正町一三一
TEL０８５９（４２）３１９１　fax０８５９（４２）３５１５

境港《さかいみなと》は、鳥取県の西の端、白砂青松美しい弓ヶ浜半島の突端に開けた、昔からの港町である。日本の渚百選にも選ばれた風光もさることながら、室町時代には島根半島の拠点となり、江戸期には千石船に賑わい、明治・大正・昭和には日本の重要港湾の一つとして、近代的な発展を遂げた。

近時は「ゲゲゲの鬼太郎」の漫画家・水木しげるや、スポーツ好きの人なら登板九四九試合三五〇勝を誇った大投手米田哲也（地元の境高校出身）の出身地と聞けば、親しみも増すであろう。その境港でもっとも落ち着いた趣のある大正町という中心地に「千代むすび」の酒蔵はある。

「千代むすび」の創業は慶応元年（一八六五）。境港の発展とともに栄えたが、前の戦争末期の

昭和二十年四月に港にいた弾薬船玉栄丸の爆発で、蔵も倒壊の被害を受けた。のち再建して戦後は堅実一途「品質第一」をモットーに、飲む人みんなの幸せ、自然の恵みを大切に、美しく楽しく健康づくり、を経営理念としてがんばってきた。おかげで今や「千代むすび」は鳥取の日本酒の先駆、担い手ともなっている。

よく知られた鳥取県産の酒造好適米の「強力《ごうりき》」を中心に「山田錦」「五百万石」も駆使して、香りほのかに、ふくよかな味わいで、すっきりした飲み心地の酒造りを目指す。しかも濃醇辛口の飲み応えも申し分ない第一流の酒品である。

代表的な銘柄は「千代むすび・純米吟醸・強力五〇」。戦前からの鳥取県の奨励品種であった強力米を復活栽培して、米の名のとおり内に力を秘めたしっかりとして旨い純米吟醸酒に仕上げている。

「千代むすび・純米大吟醸・強力四〇」「千代むすび・純米大吟醸・山田錦四〇」ともども、「千代むすび」の純米吟醸・純米大吟醸は、無濾過、瓶燗火入れ、冷蔵貯蔵を徹底しているのもうれしい。

ほかにも自家製本格米焼酎仕込みの梅酒「梅語り」、純米吟醸仕込みの「すっぱいはりみつ梅酒」や、弓ヶ浜半島産のさつま芋・金時を原材料に造る本格芋焼酎「浜の芋太なかどり」等、楽しい製品をそろえている。

極聖《きわみひじり》

宮下酒造㈱
〒703－8258 岡山県岡山市西川原一八四
TEL 086（272）5594 fax 086（273）9243

宮下酒造㈱は、岡山県ならではのすぐれた米と良水、すぐれた伝統の地元備中杜氏の技ですばらしい「極聖」の清酒の名品を造る。さらにわが道を行く「独歩」の地ビール、本格焼酎の「初代亀蔵」（米）、「大道無門」（麦）、「黒備前」（芋）等の逸品の数々も生み出し、今や岡山を代表する銘醸である。

もともと宮下酒造を創業した宮下亀蔵、元三郎兄弟は、岡山県の赤磐郡（現赤磐市）の出身。そこが名酒米と謳われる「赤磐雄町」の産地であったことも、酒造との深い因縁を感じさせる。兄弟は初め県下宇野港の築港を受けて、大正四年（一九一五）玉野市で清酒醸造を開始。一九六五年から六六年にかけて、現宮下武一郎蔵元は現在蔵のある旭川のほとりの岡山市中区西川原へ蔵を移し、旭川の伏流水を仕込水に使うことになった。この水は、近くにある日本三大名園の一つ後楽園の水が日本名水百選に選ばれたことでも知られるとおり、無類の良水なのである。

日本中でもまれな米、水に恵まれ、宮下酒造は自社酒の銘を、大伴旅人の万葉の名歌「酒の名を聖と負せし古《いにしえ》の大き聖の言《こと》のよろしき」からとって「聖」とし、さらに品質の最高を極めるという意味の「極」を冠して大吟醸は「極聖」と命名した。名前のとおりのこの名酒、全国新酒鑑評会でも岡山県下で金賞受賞最多となっている。

広島大学の発酵学科を最優秀の成績で了えた宮下晃一専務（蔵元御曹司）が造りをリードしているのも心強い。伝承の技能はもとより、開発の独創性もすぐれている。「高島雄町」を原料米に使用した「極聖」（純米吟醸）はその秀作の一つ。卓抜した才能は後述する地ビールの「独歩ビール」にも多彩に発揮されている。

純米吟醸「おお岡大」も推奨しておきたい。「岡大」とは旧岡山医大や旧制六校を母体とした現岡山大学の農学部附属の山陽園フィールド科学センターで栽培した「アケボノ」米を一〇〇％使用して、依頼を受けた宮下酒造が期待に応えて生成した名純米吟醸。実にさわりなく飲めて旨い。ラベルに岡山大校歌も刷り込んである。この酒を飲んで歌う学生諸君の意気もさぞかし上がることだろう。

酔心《すいしん》

㈱酔心山根本店
〒723－0011　広島県三原市東町一‐五‐五八
TEL０８４８（６２）３２５１　fax０８４８（６２）３２５３

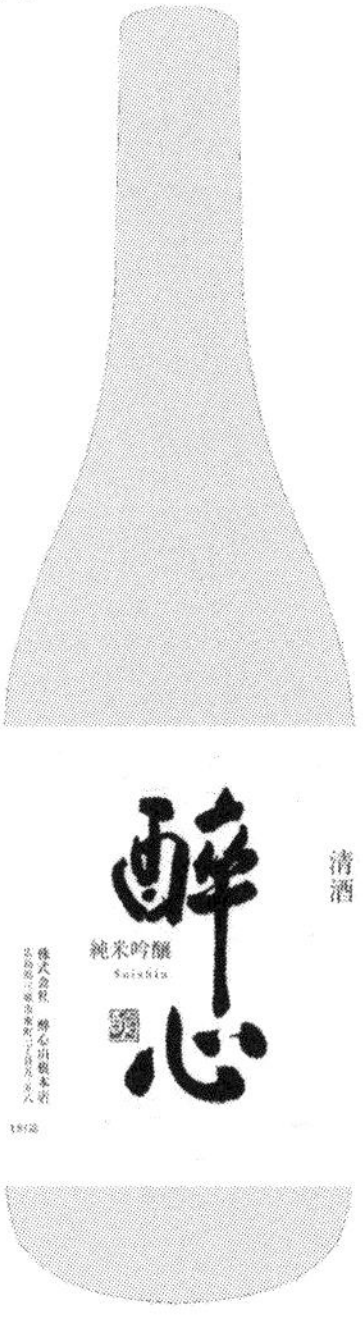

広島酒の代表格「酔心」の創業は万延元年（一八六〇）。蔵元山根家はもともとは尾道の出とのことだが、水のいい三原に蔵を築いて功を遂げた。明治中期には二十もの銘柄を持ったが、当時の蔵元が一つにしぼろうと日夜悩む中、ある日の夢に一老人が現れて「酔心《よいごころ》とせよ」とのご託宣。それに決めたところ、明治末年から大正初年にかけてこの「酔心」令名天下に普《あまね》く。いつの間にか「すいしん」と人びとが呼ぶようになって、この銘が定まったという。

大正初年「酔心」が全国酒類品評会で三回連続優等賞に輝き、名誉賞も受けて、大正三年（一九一四）その酵母が日本醸造協会の推奨する協会3号酵母として、全国の酒造家に頒布されるに到ったことも酒造界に一時代を画した。広島酒の名も一気に高めたのである。ちなみに協会4号、5号酵母も広島酒からの採種で、「酔心」はのちのちまで広島酒の盛名を担うことになった。

さらにこの「酔心」の名実を世に広めたのは、日本画壇の雄・横山大観である。大観は師岡倉天心に鍛えられて酒豪となったが、昭和初期その夫人が神田の「酔心」の出店にひっそりと買いに訪れ、居合わせた山根本家三代目当主の山根薫がその姿に心ひかれて、店員に「どちらさまで」と訊ねさせると、ほど近い上野池之端に住む横山大観の夫人とわかった。大観はいつしか「酔心」を愛して止まぬ酒徒となっていたのである。感激した薫杜氏は横山邸に参上し、大観と酒を談ずるに及んで意気投合して、ついに大観に終生「酔心」を樽で贈ると約束し、大観もまた「生々流転」の絵巻など数々の画幅を山根家に寄せたのだった。

三原の水は佳き軟水で、灘の宮水の硬水に対して、「酔心」は軟水造りの魁《さきがけ》ともなった。当代の山根雄一蔵元が苦心の歳月を重ねて、鷹の巣山のブナ林の麓に超軟水の水源を探り当てたことは、すでに「超いい水を発見」の章でご紹介したとおりである。

その水を生かした「撫のしずく青」（本醸造）、「酔心・撫のしずく」（純米）は、いずれも二〇一六年春季、秋季、二〇一七年春季全国酒類コンクール高位に入賞した。

また「酔心・稲穂」（純米吟醸）や大吟醸の「窮極の酔心」、古酒十年熟成の「酔心」もコンクールのそれぞれの部門で毎回第一位や、さらに傑出した特別賞に輝く。二〇一七年春のレギュラー酒コンクールでも「酔心」の「究極の五段仕込」は、きめ細やかなコクのある爽やかな味わいで、第一位トップとなった。

宝剣《ほうけん》

宝剣酒造㈱
〒737—0152　広島県呉市仁方本町一‐一一‐二
TEL 0823（79）5080　fax 0823（79）0119

水のよいことで知られる広島県呉市仁方本町の宝剣酒造は、明治五年（一八七二）現在地で土井家三代目の土井種次が創業。明治中期には千石を越えるという盛業で、呉近隣の瀬戸内の島々にも販路を広げ、東京にも進出して東京支店まで設けたほどであったが、一九四五年米軍による空襲で酒蔵を全焼。戦後いち早く酒蔵の再建に取り組んだ。

幸い、瀬戸内海国立公園の一角、野呂山の山裾に酒蔵が位置して、百年以上も前に積んだ雪融けの伏流水が蔵内の井戸にこんこんと湧き出て、その水量は一日二十トン。その水質も広島中でもまれにみる名水。造る「宝剣」の酒質・香味も年を追うごとに名声を高めて、現土井忠明蔵元の代に到って「食中酒」の極めつけの名酒と認められるに到った。どれほどの需要の拡がりかといえば、先ごろまで私の住んだ東京の新宿区の外れの落合でも、味は旨いがミシュラン星に恵まれるほどには有名でもないトンカツ屋でも（鉄火丼も旨いが）、主人はトンカツを揚げながら酒屋にスマホで連絡して「早く『宝剣』の純米酒一升瓶六本」とせっつくほどである。

土井忠明蔵元も語る。「品質目標を食中酒と位置づけ、食事とともに美味しく飲める酒質を目指しました。平成二五年には、仕込蔵を冷蔵庫化して、常時マイナス五度で製造しています。平成二六年には、全製品の瓶貯蔵冷蔵貯蔵が可能となりました」

蔵元直伝の土井鉄也杜氏が、各種利き酒コンクールでトップ総なめという官能の持ち主であるのも心強い。米も地元の「八反錦」などの酒造好適米を大切に使う。とくにおすすめは「宝剣・純米吟醸・八反錦」。広島産酒造好適米のよさが生きて、香り快く味わいも深まる。「宝剣・純米酒」も楽しい。地元米を使いこなして、幅広い食味をも旨くする。

「宝剣」の酒銘の由来は、もともと地元仁方町は鉄工ヤスリ生産日本一を誇る。ヤスリを生産する以前は刀剣を造っていた。その歴史にちなんで「宝剣」の銘が定まったという。

瑞冠《ずいかん》

山岡酒造㈱
〒729―4102　広島県三次市甲奴町西野四八九‐一
TEL 0847（67）2302　fax 0847（67）2304

「瑞冠」の山岡酒造のある三次市の甲奴町は広島県の北部の中国山地の山間に田野が開ける。そのため寒暖の差が大きく、いいワインを育てる糖度の高いブドウも育つが、酒造好適米の栽培にも適している。

山岡酒造の創業は古く、宝暦年間に始まる。現在の山岡克巳蔵元はとりわけ地の利を生かした原料の好適米づくりに熱心で、平成元年（一九八九）から地元米といわれた「亀の尾」の復活にも挑戦。新潟の久須美酒造の経験も参照しながら、穂先が長いのでとにかく風に弱く、旨いので虫もつきやすいという栽培上の困難をいとわず、現在は合鴨を活用した「合鴨米亀の尾」を収穫して、爽やかで芳醇な辛口の美酒を造り出すのに成功した。

山岡蔵元はそのほかにも「雄町」「新千本」「山田錦」などの好適米を、地元農家と契約して栽培し、次々成果を挙げている。日本酒の嗜好の流れが、かつての淡麗辛口から、もっと食事とともに楽しめる芳醇辛口、乃至はさわやかなのど越しの良い味わいの酒に変わりつつあることもふまえて、山岡蔵元の栽培農家との取り組みは、まさにアップ・トゥ・デート、格別に成果を博しつつある。

なかでも傑作は「純米酒山廃仕込・瑞冠・合鴨米」である。爽やかに旨くて食事そのものを楽しくする。コンクールでも傑出した。特筆しておきたい。

金《きん》冠《かん》黒《くろ》松《まつ》・錦

村重酒造㈱
〒741―0083　山口県岩国市御庄五‐一〇一‐一
℡0827（46）1111　fax0827（46）1117

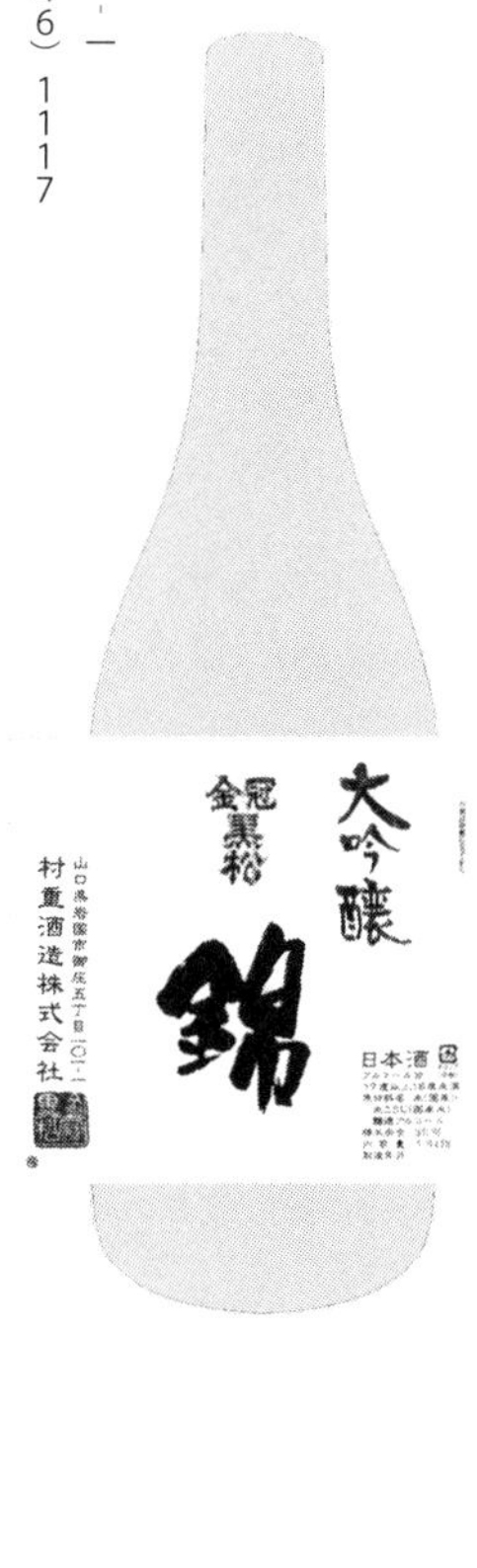

「金冠黒松」の村重酒造は、かの錦帯橋の架かる錦川の上流五キロ、御庄川と合流する寒冷清涼の地に酒蔵がある。明治の初めごろ創業した森乃井酒造を引き継ぎ、岩国を代表する銘醸とした。性質のちがう超硬水と超軟水の仕込水を、造る酒によって使い分けて大きな成果を上げているのも特色である。

酒蔵の真東に山があるので、造りの季節には朝日の差し込むのは九時過ぎになり、蒸米を冷やす作業のしやすい冷え込みがつづく。その上蔵内の井戸・巌流井戸からは、いまだに水道水が要らぬほどの豊富な錦川の伏流水が湧く。これは硬度一・四の超軟水である。

さらに蔵の外近くに、慶長一八年（一六一三）創建の宗覚寺という寺の境内の石灰岩層から湧き出る観音井戸の名水があり、こちらは硬度一〇・七という超硬水。

この二つの水を上手に使い分けて「金冠黒松・錦」のすぐれた純米大吟醸や大吟醸を生み出しているのは、広島出身の日下《ひのした》信次杜氏である。日下杜氏は二十歳で酒造界の門を叩き、二十八歳の若さで杜氏となり、業界最年少を謳われ一躍脚光を浴びた。村重酒造で造る酒はコンクールでも次々高位入賞、新酒鑑評会連続金賞の記録を引き継ぐ。「黒松・錦・大吟醸」は二〇〇六年春季に全国酒類コンクールで全国第一位となり、以後も一位をつづける。

村重酒造でもとくにこの杜氏名を記した「日下無双・純米大吟醸・錦」など出して顕彰している。その酒もすぐれて、二〇一三年春季全国酒類コンクールで第一位の栄冠を得た。それぞれの特色を記しておこう。

▽「金冠黒松・大吟醸・錦」。兵庫県社《やしろ》の特A地区の「山田錦」を三五%まで磨いて自社酵母で仕込む。水は超軟水の井戸水を九〇%、超硬水の井戸水を一〇%使い、低温でじっくり発酵させる。華やかで上品な香りとすぐれた味わいのバランスもすばらしい。

▽「日下無双・金冠黒松・純米大吟醸」。社特A地区の「山田錦」を四五%まで精米して、自社酵母で仕込む。米の旨さを引き出し、上立ち香も品よく、飲み心地がまことに快い。

司《つかさ》牡《ぼ》丹《たん》・船《せん》中《ちゅう》八《はっ》策《さく》

司牡丹酒造㈱
〒789―1201　高知県高岡郡佐川町甲一二九九
℡0889（22）1211　fax0889（22）4116

高知といえば戦後とくに司馬遼太郎氏のベストセラー以来、坂本龍馬ならでは日も夜も明けぬ有様になってしまった。高知の代表酒、否四国の代表酒というべきか、「司牡丹」もまた龍馬に縁の深い名酒なのだ。「司牡丹」の酒蔵のある佐川出身に明治の顕官となった伯爵田中光顕がいた。この田中は坂本龍馬と中岡慎太郎のあとの陸援隊長も勤めた。しかも「司牡丹」の酒銘の命名もした。そんなわけで坂本龍馬との縁もつながる。龍馬からの手紙も竹村家にある。「司牡丹」の創業は慶長八年（一六〇三）。藩主となった山内一豊と共に土佐に入国した筆頭家老深尾重良お抱えの酒造屋として出発した名門である。また明治以後の近代日本では、日本中の植物を無数に踏査、発見して、命名もし分類もした牧野富太郎博士（一八六二～一九六七）を親族から生んだことで、ホォー！　そうなんだと改めてこの酒を賞《め》でる向きも少

なくないであろう。

「司牡丹」を生み、大植物学者牧野富太郎を育てた佐川町は、南国土佐の高知市から西に約三十キロ、周囲を山に囲まれた盆地で、仁淀川の清流の中流の流域に位置し、豊富な湧き水に恵まれる。仁淀川は古くから「神河」とも呼ばれた。かの『風土記』にも、神々に捧げるための酒造りにこの清水を用いた、との記述がある。近くは現代の二〇一二年、一三年、一四年に仁淀川は「全国河川水質ランキング」のトップに選定された。「日本一きれいな水の川」なのである。その伏流水の軟水で造られるのが「司牡丹」である。


代表酒を挙げるとなれば「秀麗司牡丹」と「司牡丹・船中八策」。

「秀麗司牡丹・純米吟醸原酒」は、山田錦と地元好適米「吟の夢」で仕込んだ。芳麗の香りと奥行きのある深い味わい、骨太でいかにも土佐の純米吟醸原酒だ。

「司牡丹・船中八策」は、超辛口の純米酒である。明治新政府のあり方について、坂本龍馬が船中で考えた策に由来する命名。この酒でないとダメというファンも多い。品のよいナチュラルな香りと、ふくよかにふくらむ味わい、そしてあと口は抜群のキレを誇る。食中酒としての完成度も高い。

和膳会釈《わぜんあしらい》、杉能舎《すぎのや》・能《のう》、杉能舎ビール

濱地酒造㈱

〒819－0385　福岡県福岡市西区元岡一四四二

TEL 092（806）1186　fax 092（807）9051

今福岡・博多で一番元気に、すばらしい酒造りをつづけているのは「和膳会釈」の日本酒と北九州第一号の地ビールも出している濱地酒造であろう。

蔵元・濱地家の初代濱地新九郎は、江戸時代現在の福岡市西区今宿町から糸島市二丈町にかけての糸島半島の庄屋を統括する大庄屋だった。余った年貢米で酒造りをしたが、客人をもてなすのにも献身して、あるとき、屋敷内に能舞台を造りたいと思い立ち、檜材が間に合わないので、裏山の杉の大木を伐り出して、立派な舞台を実現し、第一流の能役者を呼んで披露したという。明治三年（一八七〇）正式に酒造免許を取得。この故事を忘れず、濱地酒造の酒銘に「杉能谷・能」の名が生きて、全国酒類コンクールでも勇名を馳せているから楽しい。

こういう博多の土地柄にもふさわしい気質が、現在四代目で杜氏もした蔵元濱地英人さんや、

常務で五代目の濱地浩充さんを中心に、二十人余りの蔵人たちに充溢しているのも心強い限りだ。地元に近い糸島には芥屋という漁港があり、昔から漁の合間に多く酒男となって働いたので「芥屋杜氏」の言葉も生まれ、伝承の技を磨いた。その技を受け継ぐ人たちが、今濱地酒造の酒造りを盛り上げている。

酒蔵の背後には背振山がそびえて、酒を旨くするカリウムやマグネシウム分も含む弱軟水の伏流水を送り込んでくれる。米も糸島育ちの好適米だ。こうして造られた「和膳会釈」の名酒は、全国酒類コンクールにも登場して、たちまち二〇一五年来首位を競っている。

濱地酒造の人たちの酒造への見識と技能のレベルの高く抜きん出ていることは、北九州地ビール第一号となった杉能舎ビールの生い立ちを聞いても、すぐにわかる。

濱地酒造では、一九九六年北九州初の地ビール製造免許を取得すると、直ちに蔵人をカナダの小さな優秀ブルワリーに派遣して、一年有余住み込みでそのノウハウを学ばせた。そして始めた杉能舎ビール、すべて手間のかかる上面発酵による製品を目指したという。

大手のビールはわずかにスタウトの一部を除いて、他はすべて下面発酵による超大量生産。上面発酵による少量・手造り、酵母が生きているのでなくて、何の地ビールの価値があろう――濱地酒造はちゃんとその事を心得ておられる。ハウステンボスでも大人気と聞く。

濱地酒造では、地元の新鮮な牛乳を使ったヨーグルト「伊勢物語」や、福岡産のイチゴ「あまおう」をぜいたくに使ったお酒なども出している。まことに意欲的だ。

光武《みつたけ》、舞ここち、魔界への誘い

（資）光武酒造場
〒849―1322　佐賀県鹿島市浜町乙二四二一
TEL 0954（62）3033　fax 0954（62）3075

肥前鹿島の光武酒造場は元禄元年（一六八八）の創業、浜宿という江戸時代から賑わう町の一角にある。鹿島稲荷で知られる鹿島の、もう一つの名所は「浜千軒」とも言われた宿場の浜町で、造り酒屋も軒を連ねた。中でもピカ一と名の高いのが「光武」「金波」の名酒や「舞ここち」（麦焼酎）、「魔界への誘い」（芋焼酎）の名品を生む光武酒造場である。

現在の浜町には残る酒蔵も少なくなったが、光武酒造場は入母屋造りの妻入りの土蔵のある酒蔵を守って、盛業をつづける。光武博之蔵元は「伝統の中からの革新」を合言葉に、製品の品質向上に、地元出身の杜氏・蔵人たちとともに、絶え間のない努力をつづけている。

多良岳山系の豊かな伏流水に恵まれ、原料米も佐賀県産の「山田錦」など大切に使っている。出来上がる日本酒の「手造り純米酒・光武」、やはり手造りの「特別本醸造・無濾過雫しぼり」「純米大吟醸光武」等、ことごとく他に類を見ない個性でも光り、すべて全国酒類コンクールの本醸造、純米酒、純米吟醸、大吟醸等の各部門で第一位を重ねている。

麦焼酎の「舞ここち」も、すべて伝統の単式蒸留の常圧の方式によって造り、やはりコンクールで第一位や、さらにその上の審査員特賞をかちとった。恐らく名酒ひしめく全国酒類コンクールでも、第一位入賞数で光武酒造場の日本酒と本格焼酎はトップを行くのではあるまいか。

▽「特別本醸造・無濾過雫しぼり」 佐賀県産米を六〇％精米して901酵母で仕込む。日本酒度プラス三。昔ながらにもろみを袋に入れて吊るし、槽口《ふなぐち》からしたたる搾りたての新酒を無濾過で汲む。二〇一四年から全国酒類コンクールで連続して第一位、審査員特別褒賞も受けた。

▽「手造り純米酒光武」 佐賀県産の「山田錦」を五〇％精米して仕込む。掛米も県産米、日本酒度プラスマイナス〇の旨味、さばけのよさ、快い飲み心地で、二〇一四年春秋の酒類コンクール連続一位。二〇一六年秋季にも一位。

▽「魔界への誘い（黒麹芋焼酎）」 鹿児島県産の最良の黄金千貫のさつま芋を原料に、黒麹で仕込み、単式蒸留器による常圧方式で、もとの芋の風味も丹念に生かす。二〇一四年から一七年にかけ、全国酒類コンクール芋焼酎部門で度々一位。

▽「舞ここちレッドボトル（芋焼酎）」 単式蒸留器の常圧方式で造る。無濾過ならではの良質の麦の味わいが、まことにすっきりと快い。二〇一二年秋の酒類コンクールで第一位特賞となり、翌年春秋も第一位。

能古見《のごみ》

(有)馬場酒造場
〒849―1315　佐賀県鹿島市大字三河内乙一三六五
TEL0954（63）3888　fax0954（63）3889

「能古見」の醸造元・馬場酒造場は、寛政七年（一七九五）の創業。肥前耶馬渓の名勝・能古見峠近くに蔵があり、その由緒から酒銘を「能古見」と定めた。代々この天然の山紫水明の地で、多良山系の清冽な伏流水で仕込み、至福の酒質を生み出している。

現在の馬場第一郎蔵元は八代目。第一郎という名前は、日本第一の酒を造るようにと願いをこめて、先代の尊父が命名した。願いは叶うものであって、一九九〇年代に当時あった『特選街・日本酒コンテスト』で、「能古見」の純米吟醸は見事最高点・日本一に輝いた。このときの杜氏は現在同じ佐賀県の「宮の松」を造る井上満杜氏である。このときから「能古見」の名酒としての名も一気に全国に知られ、井上満杜氏も名声を博した。

現在は馬場第一郎蔵元自ら杜氏となって、品質第一の名品造りに専念している。蔵人五人と力を合わせ、四百石あまりしか造らない。

地元の十六の農家から契約栽培した「山田錦」を五〇％精白して精魂こめて造る「能古見・純米吟醸」は、メロンやバナナを想わせる果実香も芳醇で、上々の名品。格別の人気である。

宮の松

㈱松尾酒造場
〒849－4154　佐賀県西松浦郡有田町大木宿乙六一七
TEL０９５５（４６）２４１１　fax０９５５（４６）２４１２

二〇一七年春季の全国酒類コンクールで、佐賀県有田の㈱松尾酒造場出品の純米大吟醸「宮の松」は、コンクールの品種部門全出品酒百五十余種中の最高点を得て、第一位特別賞を獲得した。同じ「宮の松」の大吟醸も、日本酒の普通吟醸・大吟醸部門で最高点一位となった。

このすぐれた名酒を生む松尾酒造場は、有田焼で賑わう町と伊万里の港をつなぐ街道沿いにある。蔵の歴史も有田焼の歴史とともに古く、宝暦年間（一七五一～六三）にさかのぼる。創業時の丹波杜氏の墓碑が創業の松尾家の墓所にある。

蔵の自然環境がすばらしい。西方に長崎県と境する国見連山、東に黒髪山系があって、日中の寒暖の差があるので、内実充溢した酒米が穫れる上に、冬の酒造期には北風が吹き溜まり、理想的な醸造環境をつくり出す。

そして、水は日本の名水百選に選ばれた黒髪山の山間の名勝竜門峡にたたえられる湧水の伏流水を汲んで使う。水質柔らかに、旨みを含み、舌にもなじむ穏やかな酒質を育む。

しかも、これほどの自然条件と佳き米と水に恵まれている上に、それを十二分に生かして、誠実無比の酒造りを続ける井上満という当代一の名杜氏が、日夜精勤に努めている。蔵には苦難の時もあったが、井上杜氏の次々生み出した名品の数々は、それまでの蔵の苦境をも解脱させた。蔵元自身も、井上杜氏と造りの刻《とき》を過ごしつつ、「どうしてこんなにすごい人がここにいて、酒造りを続けてくれるのだろうと思うことがある」という。

自然、米、水、人――三拍子も四拍子もそろって醸し出される「宮の松」は、鑑評会でもコンクールでも栄光を刻み続ける。この名酒を口にできることは至福の幸せである。

▽「宮の松」は福岡国税局酒類鑑評会で二〇〇二年以来連続入賞、局長杯。二〇一四年には純米酒大賞も。

▽全国酒類コンクールで「宮の松」特別純米が二〇一三年秋季、一四年秋季第一位。「宮の松」純米吟醸は二〇〇九年秋季第一位。二〇一二年春季第一位特賞。二〇一四年春季第一位特賞。「宮の松」純米大吟醸二〇一七年春季吟醸・大吟醸部門最高点第一位。

天《あま》の川

天の川酒造㈱
〒811－5117　長崎県壱岐市郷ノ浦町田中触八〇八
TEL0920（47）0108　fax0920（47）3957

代表的な壱岐焼酎の一つ「天の川」の誕生は、明治一四年生まれの初代西川卯八が、明治四五年（一九一二）、郷ノ浦町木田触で焼酎製造免許を取得したときに始まる。

もともと酒造家の次男に生まれ、それまで酒の小売りを営んでいた初代は発句の素養もあったが、たまたま当時四国の讃岐金比羅様の奉納俳句に、「松よけて見上げる空や天の川」の句を送ったところ、見事最高位に入賞した。時を同じくして焼酎製造の免許も下付されたので、めでたしめでたしと記念して、奉納句にあった「天の川」を酒銘にしたという。

以来、二代西川力男、三代西川勝之が相次いで相続し、一九七七年に現在地の郷ノ浦町田中触に酒造所を移し、一九九九年に現西川幸男蔵元が四代目としてあとを継いだ。

壱岐焼酎には独特の歴史と風味がある。壱岐の島それ自体が対馬とともに朝鮮半島への道筋にある辺要の地として、天智天皇の三年（六六四）には防人《さきもり》がおかれ、文永と弘安の役《えき》の二度にわたる元寇の折には、全島が戦場となったこともあった。こうした半面、壱岐はまた早くから朝鮮や中国の異国の文物・文化にふれる島だったのである。

豊臣秀吉の文禄・慶長の役後、松浦氏の平戸藩の統治となって、壱岐の島内は「在」と「浦」に分けられ、「在」の村人は農業に従事して主に米と麦を造り、「浦」は八ヵ浦あり、漁業や回船で生計を立てることになった。それぞれの村に庄屋もいたが、現在も地名にある「触《ふれ》」というのは「村」の下の区分けの名称である。このような島政下、寛政の一七九〇年代から、「らんびき」という外来の陶製の蒸留器による、麦を原料とする焼酎も造られはじめた。島では麦飯は往時常食であった。そして壱岐の焼酎は今も麦を原料とする麦焼酎の一種である。現在七軒の壱岐焼酎の蔵の中で、天の川酒造は古いほうではないが、西川幸男蔵元は一九六二年生まれで若く、それだけに気鋭のすばらしい本格焼酎を造る。二〇〇一年と〇四年には福岡国税局酒類鑑評会で「大賞」を受賞。二〇一六年春季の全国酒類コンクールに出品された三十年古酒「天の川ＶＥＲＹ　ＯＬＤ」は、見事麦焼酎部門で第一位、審査員特別賞に輝いた。

▽「天の川　ＶＥＲＹ　ＯＬＤ」　アルコール度三六％。常圧蒸留で丹念に集めた壱岐ならではの香味くっきりした滴りを、さらに三十年貯蔵用の甕に貯蔵して床に埋め、ようやく商品化した。実にまろやかに香味秀でる。なおラベルの字はこの蔵に寄せられた作家の故開高健の手紙の中の直筆。

香露《こうろ》

㈱熊本県酒造研究所
〒860―0073　熊本県熊本市中央区島崎一―七―二〇
TEL 096（352）4921　fax 096（352）4949

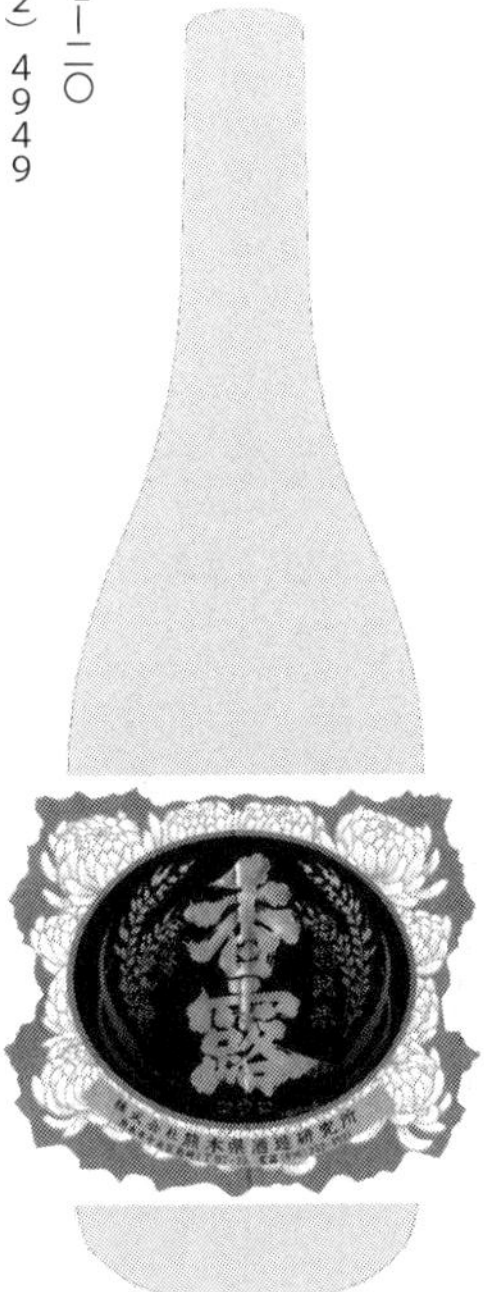

「香露」の醸造元・熊本県酒造研究所は、明治四二年（一九〇九）それまで熊本税務監督局（のち国税局）鑑定部長として清酒の改良・向上に多大の貢献をした野白金一氏（のち熊本吟醸酵母や麹室の野白式天窓などを開発した醸造研究者）に、長くこの地に留まってほしいと熱望して、熊本の有力酒造家有志によって設立された。

やがて研究所は、熊本市内でもっとも良水の水脈のあった現在の島崎の地に酒造場を設けて、大正八年（一九一九）に退官した野白を技師長（のち社長）に迎え、研究と醸造を本格的に推進した。その際一般公募して決めたのが、現在も輝く「香露」の銘柄である。

かつては赤酒が流布しすぎてとかく良酒の育たなかった熊本の酒事情は、熊本県酒造研究所と、その「香露」の出現によって一変する。野白のすぐれた研究指導によって、全国でもまれな名品がこの地に生まれるようになった。そして、一九三〇年には、全国新酒鑑評会で、「香露」は全国からの四千種余りの出品酒の中で、一、二、三位を独占するという金字塔を打ち立てる。そしてその酵母は以後協会の9号酵母として、日本酒を世界の王者にも導くことになったのである。

熊本酵母とも呼ばれる協会9号酵母については、本書でも随所に記述したとおりである。真によい酒を造ろうとする蔵元・杜氏たちの求め、愛用してやまぬところ。酒造りの「神器の一つ」とまでいわれる。ここ熊本県酒造研究所では、野白金一氏の女婿ともなった萱島昭二前専務（熊本の旧制五高理科を経て九大工学部卒）がすぐれた後継者となって、全国の酒造家の指導にも当たった。この萱島専務とともに、麹室にも泊まり込んで造りに専念した松本秀行杜氏も先ごろまで健在で、熊本の9号酵母発祥の研究所にふさわしい、おだやかな香りと味わいの名品を世に送りつづけた。

そして今は社員である製造責任者森川智《さとし》さんが、名品を育てる。これがすごい！ 二〇一七年秋季の全国酒類コンクールにも、本醸造部門に「香露・上撰・本醸造」、純米酒部門に「香露・特別純米」、純米吟醸・純米大吟醸部門に「香露・純米吟醸」が出品されたが、すべて各部門の第一位。中でも「香露・上撰」の本醸造は最高点、「香露・特別純米」も高点で審査員特別賞に輝いたほどであった。それぞれの名品の特長を記しておこう。

▽「香露・上撰・本醸造」　原料は「レイホウ」等、精米歩合五八%、熊本酵母、酸度一・四、アミノ酸一・六、日本酒度プラスマイナス〇、アルコール度一五%。本醸造レベルとは思えないほど香味ふくよかに、酒を味わう喜びを感じさせてくれる。

▽「香露・特別純米」　米は「レイホウ」、「いただき」。精米歩合五八%。熊本酵母、酸度一・八、アミノ酸一・九、日本酒度マイナス四、アルコール度一五%。原料米をあえてそれほど磨かず、フレッシュな純米酒さらではの旨さを快く味わわせてくれる。

▽「香露・純米吟醸」　原料米「山田錦」（福岡産、兵庫産）。精米歩合四五%、熊本酵母、酸度一・六、アミノ酸一・〇、日本酒度プラス〇・五、アルコール度一六%。熊本酵母ならではの上品でおだやかな香り馥郁たる、米の味わい冴える純米吟醸である。

瑞鷹《ずいよう》、東肥《とうひ》一本《いっぽん》槍《やり》

瑞鷹㈱
〒861−4115　熊本県熊本市南区川尻四-六-六七
TEL 096（357）9671　fax 096（357）8963

名だたる熊本の「瑞鷹」の創業は慶応三年（一八六七）。大正七年（一九一八）の全国新酒鑑評会で第一位となり、昭和五年（一九三〇）には二年に一度の全国品評会でも出品酒三千九百余中の日本一となって、九州・熊本酒の名を全国にとどろかせた。

日本の酒造界に9号酵母を提供して多大の貢献をつづけている熊本市中央区の熊本県酒造研究所も、最初明治四一年（一九〇八）に創立されたときは、この「瑞鷹」の酒造場の敷地内に建物を設けた。水前寺の成趣園と同じ阿蘇山系の伏流水が豊かに湧くからである。創業者吉村太八はそれまで赤酒と俗称された県産酒の画期的向上を目指し、高品質で純良、しかも風土に根ざした酒造りに努めた。その結果がやがて日本一につながり、先代吉村常助蔵元は日本酒造組合中央会長も勤めた。

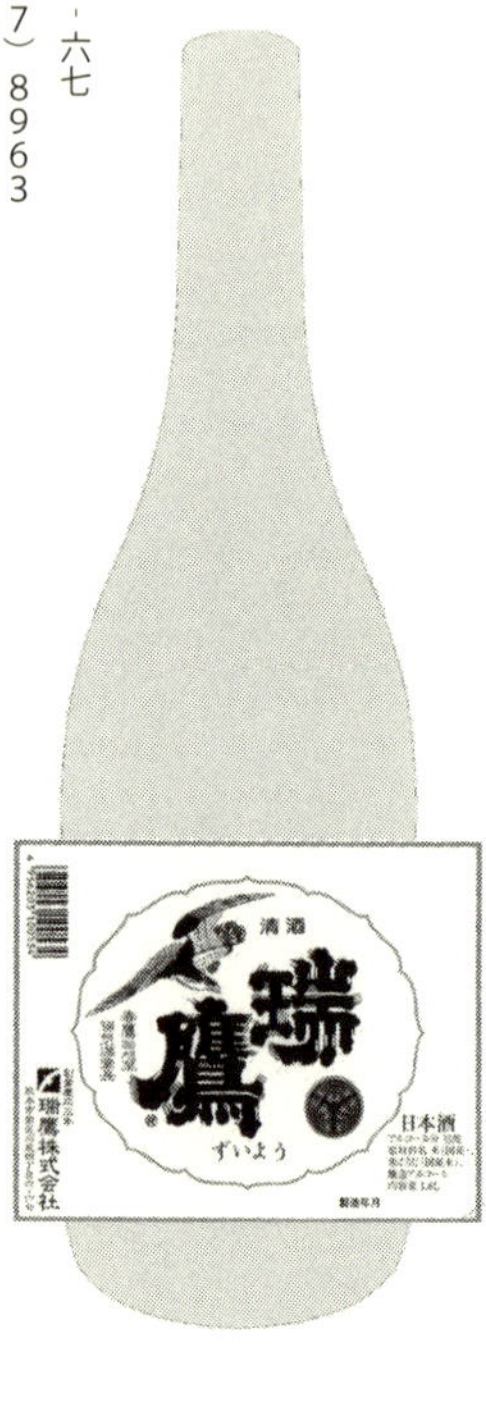

吉村浩平現蔵元は「創業者の想いは今も変わることなく心に刻まれております」と述懐する。先ごろの大地震で被害を受けたにもかかわらず、安全で安心できる原料を使って、飲む人びとに喜ばれる美味しい酒を造り出すことに精魂傾ける。「うるおいや安らぎをお客様の心にも醸したい」のが願いだとも語った。

瑞鷹㈱には本蔵と東肥蔵の二場があり、東肥蔵のほうでは、名麦焼酎の「東肥一本槍」など本格焼酎を造るほか、伝承の赤酒、マスダイ印の醤油なども造る。また東肥・大正蔵が創業以来の趣きを伝えている。隣接する「くまもと工芸会館」とも行き来できる。

全国酒類コンクールで第一位特賞を得た日本酒と本格焼酎の名品をご紹介しておこう。

▽「吉祥・瑞鷹・吟醸酒」「山田錦」を五八%精米して熊本酵母で仕込んだ。酸度一・二、日本酒度プラス五。華やかな吟香とともに、まことにふくらみのある味わいとのバランスもすばらしい。

▽「東肥一本槍・刻《とき》」麦焼酎。アルコール度四〇%。麦と麦麹、米麹で仕込み、常圧蒸留でもとの醪の旨みを残し、その上樽貯蔵して仕上げた絶品。バニラ香、カラメル香快く、麦ならではの爽やかな妙味がひろがる。

小国蔵《おぐにくら》一本〆、心ゆくまで

河津酒造㈱
〒869－2501　熊本県阿蘇郡小国町宮原一七三四‐二
TEL0967（46）2311　fax0967（46）2313

河津酒造は昭和七年（一九三二）、それまで二代つづいていた酒蔵を引き継いで創業した。酒蔵のある阿蘇山の麓の小国町は名にし負う小国杉の名産地で、総面積の八割近くまで杉の大森林が占める。その根と土壌に濾過された阿蘇からの伏流水は、清冽極まりない。しかも冬は積雪も多く寒冷で酒造りに絶好。その上夏なお涼しいから貯蔵にもすぐれて好適な自然条件に恵まれる。

河津酒造は地域への思いが一入強い。とりわけ「一本〆」という地元栽培の酒造好適米については、河津蔵元自らが種もみから苗を育てて、田植えまでする。そうして穫り入れた「一本〆」を五〇％まで磨き、熊本酵母で仕込む。酸度一・五、日本酒度プラス五の辛口であるが、水のよさ、米のよさの生きた穏やかな味わいの純米吟醸である。

また、本格焼酎でも「心ゆくまで」の芋焼酎がたいへんにすぐれる。地元産の芋を丁寧に選別してふかして仕込む。芋八〇％、米麹二〇％の割合で醪を造り、常圧釜で蒸留し、もとの芋の味わいを生かしつつ、品格のあるすっきりとした風味に仕上げている。全国酒類コンクールで度々第一位となった。

熊本県産の「山田錦」を五五％精米して、熊本酵母で仕込む純米吟醸も個性豊かな逸品だ。数値からして酸度一・六でややアミノ酸を利かせつつ、日本酒度はなんとマイナス一九の超甘口。香りすぐれまことに柔らかな味わいの純米吟醸。日本酒はまた新しい個性を加えた。阿蘇地方は大地震の災害もあった中、このような勇気ある楽しい試みを喜びたい。

球磨拳《くまけん》、徹宵《てつしょう》

㈱恒松酒造本店
〒868－0501　熊本県球磨郡多良木町多良木一〇二二
TEL０９６６（４２）２３８１　fax０９６６（４２）６８７６

球磨焼酎造りの中心地ともいえる球磨川中流沿いの多良木、その中でも早くから酒類コンクールにも出品して、球磨焼酎興隆の先頭に立ったのは「球磨拳」の恒松酒造本店の当主恒松良孝さんである。東京農大醸造科の出身。

先ごろこの恒松酒造を訪れたとき、農大出の良孝蔵元自ら汗みずくになって、醪造りや蒸留に献身している姿に頭が下がった。そのうえ一九五八年入社で、正式杜氏四十年の前田勝国さんが、球磨焼酎の中でも名品中の名品「球磨拳」の酒質を磨き続ける。すっきりと快い香味は、蔵元の汗みずくを決して感じさせない。名焼酎たる所以である。

前田杜氏は、蔵を囲む田んぼで、原料米の「ひのひかり」の田植えから穫り入れまで、ていねいに取り組む。蔵人ともども自家栽培の原料米を育てて、文字どおり生粋の球磨焼酎造りにいそしむのである。常圧、減圧による「球磨拳」は全国酒類コンクールでも一位を重ねて、球磨焼酎を先導した。

芋焼酎の「王道楽土」も健闘している。同じ球磨郡山江村産の元気な黄金千貫の芋を原料に、地下八〇メートルから汲み上げる清冽な地下天然水で仕込む。吟醸酒用の黄麹を使って、麹の量も通常の二倍にして、丹念に醪を造って仕込む「球磨拳」の名品とともに、黒麹で仕込み芋の旨みを盛り立ててふかす。「王道楽土」も、つとに酒類コンクール一位に躍り出た。

絶品ともいえるのが、この丹精込めて造り上げた本格焼酎を、無濾過で瓶詰めした「徹宵」である。〝徹宵〟とは夜を徹して、すなわちこの本格焼酎を囲んで仲間同士飲みながら、夜通しでも語り明かそうという意味。ほっそりと素敵な瓶に入っている。アルコール度二五％、飲みやすい。さらに美しくデリシャスなプレミアム「徹宵」（常圧、三〇％）も出た。九州熊本の地元はもとより、全国の満天下の学生諸君、若者の皆さん、この爽やかに快適な「徹宵」を囲んで、夜通しでも国を思い、恋を歓び、語り明かそうではありませんか！

プレミアム「徹宵」は吟醸酒造りの芋焼酎。フルーティな新感覚の飲み口もすばらしい。三〇％の本格派である。

豊永蔵《とよながくら》、麦汁《むぎしる》

(名)豊永酒造
〒868―0621 熊本県球磨郡湯前町一八七三
TEL 0966(43)2008 fax 0966(43)4354

二〇一七年春季の全国酒類コンクールで、熊本の球磨焼酎の一つ、豊永酒造の常圧造りの逸品「豊永蔵」は、日本酒も本格焼酎その他も含めて三百余の全出品酒中、最高得点の第一位特別賞に輝いた。前々から米焼酎の「豊永蔵」だけでなく、麦焼酎の「麦汁」もコンクール第一位を記録してきた実績に、さらに上積みしての栄光である。

豊永酒造の創業は明治二七年(一八九四)、初代豊永鶴松に始まる。現在の史郎蔵元は四代目。球磨川をさかのぼって、多良木町よりさらに上流の流域の湯前町に蔵がある。

二〇一六年初夏のころ、初めて豊永酒造を訪れた折の感激を忘れない。赤い煉瓦の煙突が屋根から突き抜けて立っているたたずまいもさることながら、蔵に入ってその窓から一面に開けた稲田の緑をながめたとき、「あれは自社用です」と言われた。そのときの感激である。

豊永酒造は、赤い煉瓦の煙突がその歴史を物語っていた。創業も明治二七（一八九四）年と古く、現在の豊永史郎蔵元で四代目。蔵の背後にははるかな山脈《やまなみ》の麓までつづく一面の青田がひろがる。司馬遼太郎『肥薩のみち』で記した「弥生式稲作の最古の適地」が、まさにここなのです、と豊永蔵元が熱っぽく話し始めた。その米を原料とした蒸留酒こそが五百年の歴史を誇る球磨焼酎なのだ。

山脈の麓へとつづく蔵の背後の田は豊永酒造の創業以来の自社田であった。そして、一九八六年からは地元の契約農家とともに、蔵人の手で有機（オーガニック）の原料米を育て、その有機農法米を原料とした焼酎造りを営んでいる。

六月の田植えには、有機農家の人たちを始め、得意先や料飲店の人たちも応援に駆けつけてくれる。肥料にはＥＭ菌と米ヌカを混ぜた「ボカシ」を使う。そうすると土にトロトロした層ができて、雑草の生えにくい綺麗な田んぼになるそうだ。

「苗と苗との間隔を開けて植えることで、風通しを良くし、稲にストレスを与えないので元気に育つのです」と豊永蔵元。オーガニック栽培田んぼでは農薬を使わないから、ホーネンエビを始め多種多様の生き物たちも棲息する。カマキリ、シマゲンゴロウ。カエルも夜は「田園交響楽」を奏でる。餌を探しにクモもたくさん現れるので、カマキリとともに害虫を食べつくしてくれる。

「すべて地元の農家の人びとともに有機米造りにしています。四方を九州山地に囲まれた球磨盆地に蔵があるのですから、原料の米や麦から造りまで、環境に根ざした焼酎製造をしよう、ということで、一九九〇年から地元の農家とともに有機農法で原料造りをやってきております」

有機米造りに励む酒蔵は日本酒の酒蔵にもある。しかし、焼酎蔵で、しかも目の前に開ける広大な田んぼの青々としたすべてが有機米の苗だと聞けば、なおさら感激であった。

こうして育ったオーガニック米や麦を穫り入れると、いよいよ焼酎造りが始まる。これがまた丹念で念入りだ。

本格焼酎を造るには、まず蒸留する前の原料の醪造りが大切で、球磨焼酎伝来の米焼酎を造るなら、お米を洗米して、洗った米を水に浸漬し、浸漬した米を甑《こしき》で蒸す。蒸した米を放冷機で冷やし、手でほぐして、麹室で麹菌の種付けをして、麹をまず造る。さらに麹に水と酵母を加えて一次仕込みの醪を造り、さらに蒸米を加えて二次仕込みの醪をふつふつと発酵させる——この手順は清酒を造る場合と少しも変わらない。ちがっているのは、この醪の中身が、清酒の場合には濾過してそのまま飲めるように造るが、焼酎の場合は蒸留した後に飲んで旨いものになる、そのような醪造りをする。実際に目で見て、そして味わえば醪のちがいは歴然としている。本格焼酎や沖縄の泡盛などの醪は濃色を帯びてそのまま飲めるようには造らない。あくまで蒸留してからの滴りの風味が勝負の分かれ目になる。ここまでの醪造りの過程が、豊永酒造ではきわめて丹念なのである。

米焼酎の場合には、米本来の自然の甘《うま》さとまろやかさを特徴に、品のよさも心がける。「麦汁」

のほうは麦本来の香ばしさが味わえるように、無濾過で仕上げるとのこと。口当たりなめらかで、濃く深い味わいと、甘み、そして香ばしい香りがこよなく楽しい。

大分の「いいちこ」の三和酒類㈱や、「二階堂むぎ」の二階堂酒造、宮崎の「雲海」（ソバ焼酎）の雲海酒造など、本格焼酎界の大手の工場では減圧式の蒸留器を使い、イオン交換樹脂の方式を併用する向きもあった。要は製品の精選に重点がかかっているのである。ピュアにすぎると風味がなくなるので、糖類など添加するという話もあった。

常圧はいわば旧式の蒸留器だが、原料や醪の風味・風合を残す利点がある。常圧にこだわっている蔵が、「文蔵」の木下醸造所、「球磨の泉」の那須酒造など数社に上る。これら〝常圧派〟の蔵元の製品は、米焼酎の香りと味わいの成分を大切に、できた製品をタンクに何ヶ月か寝かせ、さらに甕などに何年も貯蔵して、得難い個性の風味や、まろやかさを加えて特色を出す。豊永酒造の「麦汁」はそうした常圧による麦焼酎のピカ一だ。

ほかに二〇一六年春季全国酒類コンクールで「一九道《いっこうどう》」という米焼酎も際立ってすぐれ、第一位特賞を受けた。一九度の低アルコール焼酎で、水や湯で割らずにそのまま飲んで美味しい。

房《ふさ》の露《つゆ》、紅福

房の露㈱
〒868―0501 熊本県球磨郡多良木町多良木五六八
TEL 0966(42)2008 fax 0966(42)6000

「房の露」の堤家は、人吉の繊月酒造の堤家からの岐《わか》れである。球磨焼酎造りの中心地多良木に明治四〇年(一九〇七)創業。

　堤家は名家で、創業者の堤重蔵は、往時近代仏教の先覚者として、キリスト教の無教会派の内村鑑三と対称された近角《ちかずみ》常観《じょうかん》という仏教者を招いたりした。

　近角は、真宗大谷派に属して仏教思想改革で知られた清沢満之の高弟で、京都一中・一高・東大卒、海外留学から帰って東京本郷に求道学舎を興して、青年子女の思想的人格形成に尽くした。たとえば一高生として近角によって思想形成をし、将来を開いた人物の中に、岩波書店を開いた岩波茂雄、哲学者となった三木清、谷川徹三らがいた。

近角の伝道と影響は実業界にも及び、九州の貝島炭鉱や麻生炭鉱の社主で、三菱の銀行幹部も求道学舎の信徒だったが、球磨焼酎の「房の露」創業者は、そういう近代仏教の思想的伝道者を、わざわざ球磨川中流の奥地多良木まで招いて教えを求めたのである。往時の多良木は花街などもあり、世俗に汚れる面もあった。その時代そのような場所で伝道者を招いて道を求めたとは偉いことである。「房の露」の提家の奥座敷には今も近角常観の写真が飾られている。

その「房の露」の吟醸球磨焼酎がすばらしい。熊本酵母による醸造に加え、清酒麹ともいわれる黄麹を使って、快い風味を醸し出す。その醪を低温発酵で熟成させたのち、さらに超低温で蒸留して採ったのが、この「吟醸・球磨焼酎・房の露」。フルーティで典雅な香味が特色。

このすぐれた米焼酎を、ヨーロッパから取り寄せたホワイトオークの樽に三十年もの間貯蔵して、その中身に、十年から十五年樽貯蔵した複数の貯蔵製品の相性のいいものをバッティングさせたのが「三十年古酒ブレンド」と銘打った「醽《しょう》エクセレンス」である。コニャックの名品も採る手法で、樽貯蔵による絶妙の香りのよさと、ゆかしく深い味わいを生み、二〇一五年春季の全国酒類コンクールで米焼酎部門の第一位特賞を得た。

芋焼酎にも「紅福」という逸品がある。地元熊本県産の「紅はるか」を原料芋に、ふくよかな芋の旨みが生きている。二〇一四年春季の全国酒類コンクールで一位。熊本県優良商品奨励賞も受けた。

文蔵《ぶんぞう》

木下醸造所
〒868−0501　熊本県球磨郡多良木町多良木七八五
TEL0966（42）2013　fax0966（42）5457

　昔から祭りのときや、この蔵のある球磨川中流の球磨焼酎造りの中心地である多良木の町で、〽多良木の文蔵云々、と言い伝えた歌もあったそうである。
昭和五〇年代の後半、私は初めてこの「文蔵」のお家を訪ねた。球磨焼酎造りの蔵を訪ねたのもそれが最初であった。

　本格焼酎というものを、その発祥地ともいえる球磨焼酎の中心地で学びたいと思ったからだが、当時本格焼酎といえばこの博士と誰しも認めた元熊本鑑定官室長に、私は予め「球磨焼酎の家を訪ねたいが、どこへ行けばいいでしょうか」と訊ねた。鑑定官室の現役であった人の口は重かったが、「お訪ねになるとすれば『文蔵』でしょうな」とひっそり教えてくださった。

連絡をとったところ、もし急いでおいでになるなら鹿児島の空港へ着かれるのが一番早い、と「文蔵」のそのころの当主木下好弘さんが答えられた。人吉から始まる球磨地方全体が九州では陸の孤島のようなところで、だから江戸時代に相良藩の殿様が、「余った米で焼酎造り」の善政を布くこともできたのだろうが、東京から出かけるとなると、JRでは何度も乗り換えた上で、バスや車に頼らねばならず、一日では着きにくいところであった。が、鹿児島の空港に降り立つと、木下蔵元が車で迎えに来ておられ、「峠を越えれば多良木ですよ」といわれ、なるほど三十分ほどで山一つ越えれば多良木に着いた。

木下家ではすぐに縁の下から十年ほど甕で貯蔵したという「文蔵」を一升瓶に汲んで来られ、それをジョカという土瓶に入れて火鉢にかけ、温めてもてなして下さった。肴は馬刺しであった。それも私にとっては初めての美味であった。「村ではいつもどこかの家で法事がありますので、肉屋に行くと新鮮な馬肉を常時用意しております」と蔵元が言われる。馬刺しも旨かったが、十年縁の下の甕に眠っていた「文蔵」の旨さはまさにこたえられなかった。私は知らず知らず飲み続けた。気がつくと辺りは日がとっぷり暮れていた。

「どれぐらい飲みましたかな」と私は訊ねた。一升瓶は残り少なくなっていた。私一人で飲んだのである。それまでは日本酒一辺倒で、本格焼酎を口にしたのはそのときの球磨焼酎・文蔵が初めてであった。木下蔵元の燗つけも無類であった。私はその晩木下家に泊めていただいた。そして翌朝はシャキッとして、熊本市の「香露」の研究所へ向かったのである。

時を経て、この球磨焼酎「文蔵」の「茅葺《かやぶき》」は二〇一五年秋季の全国酒類コンクールの米焼酎部門で第一位特賞となった。いまの木下弘文蔵元は往時の好弘蔵元の令息である。好弘前蔵元は今も杜氏として「文蔵」造りに励んでおられる由。私は令息の弘文蔵元に一位特賞の賞状を渡しながら、かつて私にすばらしい本格焼酎の体験をさせて下さった尊父への、ささやかな恩返しだと思った。「文蔵」の梅酒もすばらしい。

松の泉、水鏡無私、おてもやん

松の泉酒造合資会社
〒868－0422　熊本県球磨郡あさぎり町上北一六九‐一
TEL0966（45）1118　fax0966（45）2908

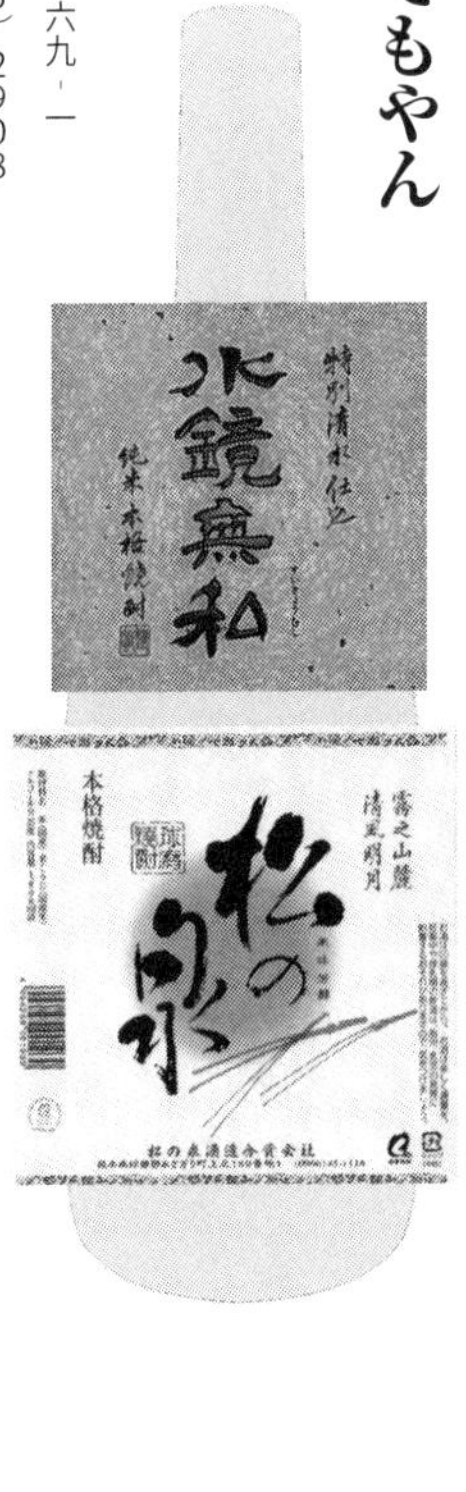

「松の泉」も代表的な球磨焼酎蔵、名品を造って知られる。あさぎり町のこの辺りは、とくに九州山脈の白髪岳の花崗岩層を歳月をかけてくぐり抜けた良質の水が、こんこんと湧き出る。松の泉酒造のある上北は、古くから「堀日角」と呼ばれ、その良質の水の湧く井戸が数多くあった。約百二十年余前に初代松岡大助がこの水に惚れこんで焼酎造りを始めたのだという。大助の造る焼酎はたちまち「松岡の焼酎」と呼ばれて人気を集めた。それから代を重ねて、松岡の「松」と湧く泉の「泉」をとって「松の泉」が酒銘となった。

　現在の松岡洋世蔵元は米造りにも力を注いでいる。焼酎蔵に隣接する自社の田んぼの要所要所に三十六トンもの備長炭を埋めて、米造りの前に澄んだ水造りをすることをし、その水田で米造りをする。「稲の成長期には水を霧状に散布して、田んぼ全体をマイナスイオンで包みます。

私たちが滝つぼで感じる心地よさ、それを稲にも味あわせてやります」と松岡蔵元は語る。

そのように手間をかけて育てた米を原料に、「松の泉」の秀作「精選・水鏡無私」は造り出されるのである。

▽「特別清水仕込み・水鏡無私」　快く甘く感じるほど旨い。米の味わいがしみ入るようである。アルコール度二五％。

▽「黒松の泉」　全国酒類コンクールで第一位の実績。アルコール度二五％。

▽「おてもやん」　麦焼酎。やはり全国酒類コンクール第一位。アルコール度二五％。

吟球磨《ぎんくま》、堤《つつみ》、ジョイホワイト芋・蔵八、黒大豆《くろだいず》

㈱堤酒造
〒868－0432　熊本県球磨郡あさぎり町岡原南三九〇－四
TEL 0966（45）0264　fax 0966（45）0382

堤酒造は、球磨焼酎の中心地の一つあさぎり町の、岡原南で伝統の焼酎造りを受け継ぎ、「房の露」の堤家の令息ががんばる。

球磨焼酎本格米焼酎五百年の伝統を守り、その粋を集めて、堤酒造では清酒麹と呼ばれる黄麹と吟醸酵母を用い、通常より低い温度で発酵させることによって、まるで吟醸酒のように典雅な香りと芳醇な味わいの名焼酎「吟球磨・堤」を生み出した。球磨焼酎の逸品である。

さらにその伝承の技能を芋焼酎に応用発展させ、新機軸を打ち出したのが「むらさきいも」と「ジョイホワイト芋・蔵八」である。「ジョイホワイト芋・蔵八」は堤酒造の自家農園で栽培したジョイホワイト芋で造る。ジョイホワイト芋は、さつま芋の中でも最もフルーティで造

った焼酎もキレがよい。その上堤酒造ではわざわざワイン酵母で仕込んで、一層香り引き立ちフルーティに仕上げた。むらさき芋を原料に「黒麹むらさきいも」も風味すぐれる。「ジョイホワイト芋・蔵八」とともに、全国酒類コンクールの芋焼酎部門の首位を常に競っている。

もう一つ特筆すべきは、清涼飲料水の「麹発酵・黒大豆」である。原材料は国産の黒大豆と米麹（百麹菌による）、そして堤酒造が地下から汲み上げる球磨川の伏流水だけである。アルコール度〇％。

実はこのアルコール度〇％の飲み物は、黒大豆焼酎を開発しようとする過程の産物だったという。蒸留に到る過程で、タンク内の黒大豆発酵水の分析を東京農大の穂積賢教授に頼んだところ、この焼酎にする前の黒大豆こそ、アミノ酸はもとより、発酵によって生じる黒大豆ならではのクエン酸、ビタミン、ミネラル等を実に豊富にバランスよく含んで美味なことがわかった。そこでさらに穂積教授の指導を受け、糖や甘味のマッチした、まろやかで大人から子どもまで気軽に飲めるすばらしい健康飲料が誕生した。これが「麹発酵・黒大豆」である。ブルーベリーをプラスしてさらにアントシアニン酸（ポリフェノールの一種）を豊富にした「麹発酵・黒大豆＋《プラス》ブルーベリー」も一層フルーティな飲み口で、健康的だ。

極蒸甕王《ごんじょうかめおう》、右衛門七《えもしち》、帝王、ゆふのしずく、酒仙・井上みつる

㈱ジェイジェイ
〒870−0857　大分県大分市明磧町九ー四
TEL０９７（５４４）２８８０　fax０９７（５４６）０５６６

ジェイジェイは酒問屋である。しかし、社長の生野政美さんは、臼杵の赤嶺酒造場の蔵元で杜氏を兼ねる赤嶺謙一さんの義弟で、酒蔵と問屋が密接に一体。酒造期には、平素深夜まで営業で駆け回って忙しい㈱ジェイジェイ専務の生野豪士《たけし》さんが、赤嶺酒造場の伯父蔵元のもとで、醪造りや蒸留の手伝いに奮闘することもよくある。

製品が皆すばらしい。中でも大理石仕上げの本格麦焼酎「甕王」は名品である。厳選された最高品質の大分産と佐賀産の大麦を原料に、蒸留後は陶器に貯蔵して熟成させ、大理石仕上げをして、そのまま大理石容器に入れたのを消費者のもとに届けている。やさしく、舌にとけ入るような妙味、香りの高雅さ、絶品である。全国酒類コンクールでも第一位特賞を重ねた。

定番とも言える名品は麦焼酎の「右衛門七」と、芋焼酎の「帝王」。とくに「右衛門七」は、造る赤嶺酒造と深く関わる命名。江戸期の寛永五年（一六二八）生まれの廣田吉右衛門という名字帯刀を許された庄屋がいて、この人、年貢に苦しむ百姓たちの無類の味方であった。何を隠そう、この人こそは、持ち前の頓知《とんち》で人々の難儀を救ったという伝説の「吉四六《きっちょむ》」その人なのであるが、廣田家はまた酒造家でもあって、明治元年（一八六八年）に現在の赤嶺家がそっくり引き継いで、元祖「吉四六」の杜氏の技も伝承した。その史実が現在の「右衛門七」に受け継がれた。右衛門七は赤嶺家初代の名前。厳選された二条大麦全量を白麹仕込みして、九重山系の名水で仕込んだ醪を蒸留して造る。極蒸《ごくむし》とは常圧蒸留でていねいに蒸し上げたのを蒸留するという意味である。品よく味わいまことに快い。二〇一二年以来全国酒類コンクール一位を重ねている。

「極蒸・帝王」は芋焼酎の逸品。黄金千貫の芋を原料に、全量黒麹で仕込む。割水には臼杵の野津町の地元の名水を使って仕上げた。芋の風味も生きて、口当たりも柔らかに快く味わいすぐれる。この「帝王」も全国酒類コンクールで一位を続ける。

もう一つの芋焼酎「ゆふのしずく」は感動的な逸品。由布はこの前の地震の災害にも遭った。復興に努める旅館主が、ふと仰げば由布岳の変わらぬ姿が見える。ああ、生きねば、がんばらねばと思う、そういう由布の人の祈りに応えて、味・香り丹念に仕上げた新しい芋焼酎が「ゆふのしずく」である。早々に全国酒類コンクール芋焼酎部門一位となった。

▽「酒仙・井上みつる（特別純米）」　肥前の名杜氏井上満の名を酒銘とした特別純米酒である。「ジェイジェイ」の専務・生野豪士さんは人一倍熱心に名酒名品を発見して酒販店や消費者に届ける伯楽でもあるが、このほど「現在日本一の名杜氏は？」、と全国行脚して、ついに井上満さんを訪ねあてた。いずれは地元・臼杵の蔵での酒造りを見てもらわねばと訪ねて行って、現在有田の松尾酒造で井上さんの造る酒を利き、あまりのすばらしさにその特別純米酒を「井上みつる」と銘打って売り出すことにしたという。まさに名品中の名品。米は佐賀県産の「山田錦」、酵母は熊本系の協会901を使用。香味のバランスまさに絶妙。純米酒ならではの旨さもこの上なく、口中に溶け入るよう。ぜひとも手に入れたい名酒である。

倉光《そうこう》、沙羅《さら》、双樹《そうじゅ》

倉光酒造合名会社
〒870－0127　大分県大分市大字森町八二五
TEL 097（521）2528　fax 097（521）2529

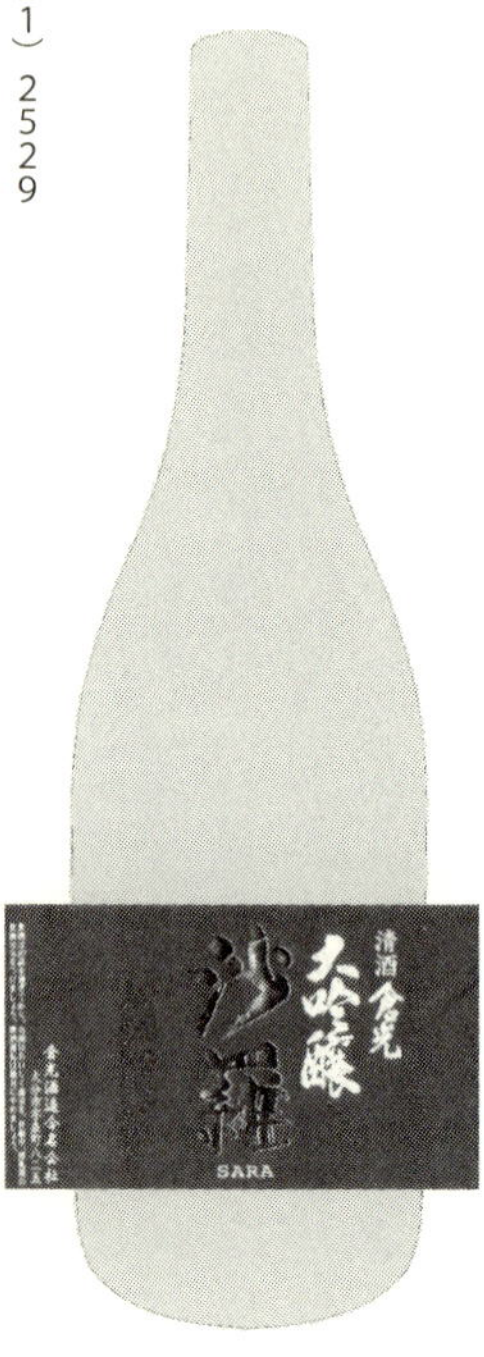

大分の市内に蔵のある倉光《そうこう》酒造は、すぐれて清酒一途。創業は元治元年（一八六四）で、現在の篠田公明蔵元は四代目。昭和八年（一九三三）に合名会社篠田商店となり、その時分には清酒のほかに白酒や焼酎の製造免許も持っていたが、戦後の昭和三〇年代に白酒と焼酎の免許を次々返上して、社名も倉光酒造合名会社に変わり、現在の篠田公明蔵元が昭和六三年（一九八八）以来社長を務め、さらに杜氏も兼務して、「倉光」の清酒を生成している。しかもその製品がそろってすばらしい、名品ぞろいなのである。倉光酒造の特色は実にこの点にある。

もともと使用水には自信があった。「倉光」の酒蔵は平成一五年（二〇〇三）に環境庁の水質調査で日本一に選ばれた大野川の流域にあり、仕込みにこの大野川の伏流水を使う。

原料米には大分県産の一般米「ヒノヒカリ」を使っているが、篠田杜氏によると、この米が蔵の立地条件や水、酵母、気温の変化によくよく適応して、仕上がる酒はまことに良質である。

こうして仕上がった「倉光・双樹」（特別純米）は、二〇一二年春季の全国酒類コンクールに出品されて、いきなり純米部門の第一位。さらに二〇一二年秋季には純米大吟醸の「倉光・沙羅」が純米大吟醸部門の第一位となり、翌年春季にも「沙羅」は第一位を重ねて審査員合議により特別賞も贈られた。同じ二〇一三年春季コンクールで「倉光・双樹」（特別純米）と、「倉光・光樹」（特別吟醸）もそれぞれの部門で第一位となった。

「倉光」の名品のコンクールでの快挙はその後も続いて、二〇一六年秋季全国酒類コンクールの純米大吟醸部門で、「沙羅」が第一位、二〇一七年春季のコンクールでも、「沙羅」は連続一位である。

もはや「倉光」はゆるぎないこの国の日本酒の代表的名酒である。その要因は何だろう。もとより蔵元でありながら自ら杜氏を務める篠田氏の技能がすぐれているからにちがいない。もう一つ篠田蔵元が杜氏であることのメリットを考えると、今はかつてのように神様といわれた南部杜氏や、能登杜氏四天王の誰といわれる名杜氏は数少なくなり、変わって、蔵元が杜氏を兼ねたり、社員として入った人びと（大学出が多い）の中から選ばれて杜氏となるケースも増えている。往時の農漁村出身の蔵人から叩き上げの杜氏たちとは様変わりしている。とくに篠田社長杜氏の場合、決定的に「生い立ち」がちがう。

前蔵元の御曹司として、学生時代自動車部に属して、おそらくレースも楽しまれたのではないかと思うが、グルメ体験も伴って自然と備わった味覚の美的感覚が比類ない。その点が従来の出稼ぎ型の杜氏とはまるでちがう、その点に注目したい。大分はふぐ料理の名所だが、「ふぐ八丁」という大分市内きっての名割烹の常連であり、日出町の天皇皇后の泊まられたホテルの比類ないビフテキの味も誰よりも早くご存知だ。そのようにして培われた鋭い食味や嗅覚上の美的感覚で、酒造工程の途次、区切り区切りで適切な判断を下されるから、「倉光」の美酒の数々が育ち上がるのではないだろうか。

さらに今一つ、篠田登美枝夫人もともに酒蔵に入って、重労働も辞さぬ蔵人としての〝内助の功〟も、欠くことのできない力となっている。熊本の9号酵母をすぐれた味わいをつくる上で限りなく尊重する篠田杜氏を助けて、洗米や大切な酵母造りから登美枝夫人も奮闘されている。

織田作之助の名作に『夫婦善哉』があるが、倉光酒造の場合はかくて「夫婦酒」が比類ない美酒の境地を醸し出しているのである。

角《かく》の井《い》、初代百助《しょだいももすけ》

㈱井上酒造
〒877-1107　大分県日田市大字大肥二二三〇-一
TEL 0973（28）2211　fax 0973（28）2910

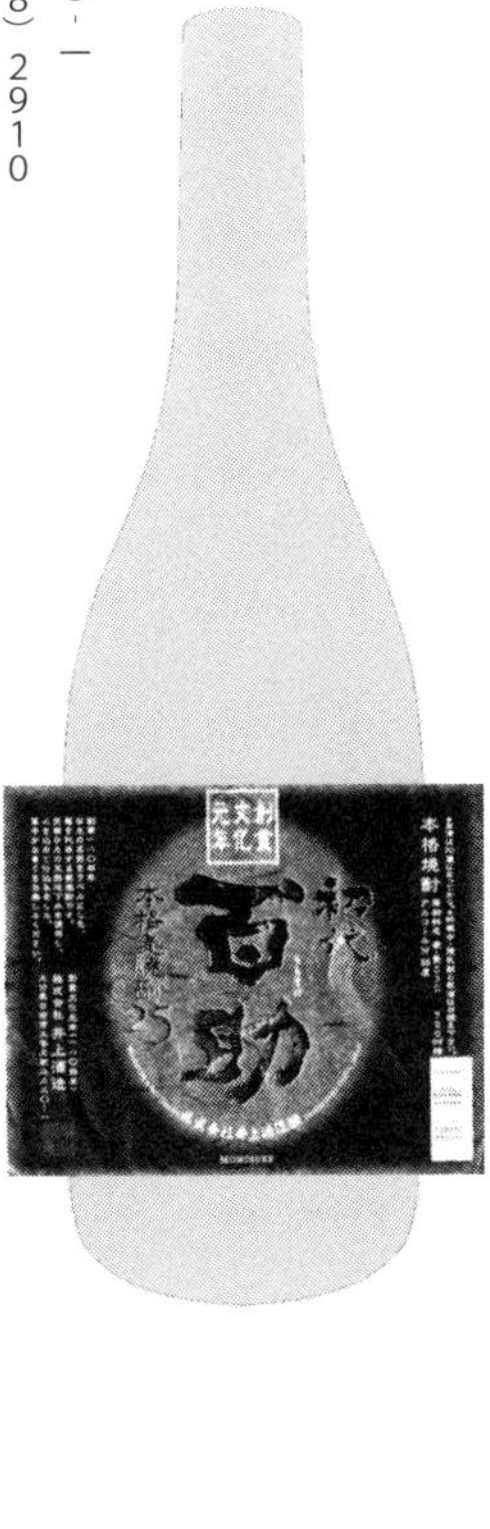

水の郷大分県日田の、英彦《ひこ》山系の清らかな水と緑豊かな山々に囲まれた静寂の地に、その名も「角の井」の名酒を造る井上酒造。月影浮かぶ三限川、船端のしずく棹でコツコツ叩けばそこにうれしい「角の井」の酒、なるキャッチフレーズもあるほどだ。

創業は文化元年（一八〇四）、井上百助さんとモンさんの夫妻で清酒と焼酎を造り始めた。屋敷内に絶好の清水の湧く角型の井戸が四つあり、その井戸にちなんで、明治以後酒の銘を「角の井」とした。

井上酒造三代目の井上清・ひな夫妻に、五男・井上準之助が明治二年（一八六九）三月誕生したのを機に「角の井」の命名をしたとも伝える。井上準之助は幼時から俊才で、仙台の旧制二高を経て東大卒、日銀総裁、浜口雄幸内閣の大蔵大臣も務め、一九三〇年金解禁（金輸出解禁）

を断行して日本経済の正常な発展を期したが、不幸にも無知蒙昧の右翼の凶弾に斃れた。その際「男の本懐」の言葉を遺したことは、その生と死を描いた城山三郎の同名の小説によっても有名である。「男の本懐」の銘の名品も井上酒造は出している。

本格焼酎「初代百助」は、二〇〇四年創業二百年を記念して発売された麦焼酎の名品。国税局主催の鑑評会で早々に優等賞を受け、全国酒類コンクールの麦焼酎部門でも第一位を重ねた。長期（熟成）貯蔵の「百助」もすぐれる。麦の香り生き生きと、淡麗でまろやかな風味抜群である。初代百助夫人の「モン」の銘の米焼酎も旨い。

現蔵元は前蔵元の夫人。娘時代は有名な筑後川の下筌ダム建設に反対した住民闘争（蜂の巣城の攻防）に、まなじりを決して闘いの先頭に立った由である。この女傑の娘百合さんが、今杜氏として、すばらしい純米吟醸「百合仕込・純米吟醸」を醸し上げる。井上百合さんは、熊本酵母発祥で知られる「香露」の熊本県酒造研究所に通い詰めて酒造を学んだ。泊り込みもした。そして二〇一六年熊本の地震の大災害で「香露」の研究所の煉瓦の煙突も崩れ落ちたときには、悲しみのあまり、その煙突のかけらを涙とともに拾い集めて持ち帰り、今も大切に酒造の守護神としている。

「百合仕込・純米吟醸」はそうして学び深めた技能の生んだ傑作。むろん酵母は熊本酵母KA4、わずか二百キロの極小造り、槽搾りで、澱《よど》みをゆっくり沈めて、澄んだ上澄みだけをそっとすくい汲んだ絶品。酸ほのかに快く効いて、味わいの深まりもすばらしい。

山水《さんすい》、麹屋伝兵衛《こうじやでんべえ》、極上閻魔《ごくじょうえんま》

老松酒造㈱
〒877－1107 大分県日田市大鶴町二九一二
TEL ０９７３（２８）２１１６ Fax ０９７３（２８）２８４８

老松酒造は、大分県と福岡県の県境に近く、九州山地の美しい山々に囲まれた日田盆地に寛政元年（一七八九）に創業。歴史ある酒蔵である。日田は山間に悠々茂る杉を筏に、筑後川で運ぶ水郷の町。明け方の深い朝もやでも知られる。鮎も旨い。

仕込み水は緑豊かな杉林に濾過された清冽な天然水。「山水」の銘の生まれた所以でもある。もともと寛政創業の初代蔵元は、地元の神社の泉から湧き出るこの水のよさを生かして、酒造に踏み切ったという。今もその「山水」の純米吟醸、大吟醸ともに芳醇の香りすぐれて味わい申し分なく、二〇一六年秋季、一七年春季の全国酒類コンクールでも首位を競った。

老松酒造にさらに人気と輝きを加えているのは、麦焼酎の「閻魔」である。一次仕込みも二次仕込みも全量麹のみを使用して発酵蒸留を極めた「黒閻魔」や、長期貯蔵して薫香・薫味しみじみと旨く品格に富む「極上閻魔」は、麦焼酎王国大分でも抜きん出ている。全国酒類コンクールでもつとに第一位。

一〇〇%日田産の日田梨（「新高」「豊水」）原料にした梨のお酒「梨園《りえん》」（リキュール）も特筆に価する。コンクールにも出品されて、製造スタッフの技能も高く評価された。

水郷日田の水と地元産の大麦による「水郷ひた仕込み」（麦焼酎）も楽しい。老松酒造の麦焼酎には「麹屋伝兵衛」の伝説もまつわる。元禄のころ、天領日田の地で茶屋を営む弥助という老人がいた。旅人に甘酒や麦湯を出して喜ばれていたが、あるとき地震が起きて甘酒の中に煎り麦が落ちたのに気づかずにいた。村の復旧の手伝いに行って久々に家に帰ってきたところ、どこからともなく得もいわれぬいい香りが漂ってくる。地震に壊れずに残った甘酒の甕の壺に煎り麦が落ちこぼれて、自然にいい粕取り焼酎に似た美薫を生んでいたのだ。老主人弥助はこれをヒントに麹をつくり粕取りに真似て美味しい麦焼酎を仕上げるに到る。代官がこの話を聞いて、以後美味の焼酎造りを伝えよと、「麹屋」の屋号と、「伝兵衛」の名を与えたという。老松酒造はこの麦焼酎伝説を伝承して、長期貯蔵の麦焼酎「麹屋伝兵衛」（アルコール度四一%）も出している。

いいちこ

三和酒類㈱
〒879―0495　大分県宇佐市大字山本二二三一‐一
℡0978（32）1431　fax0978（33）3030

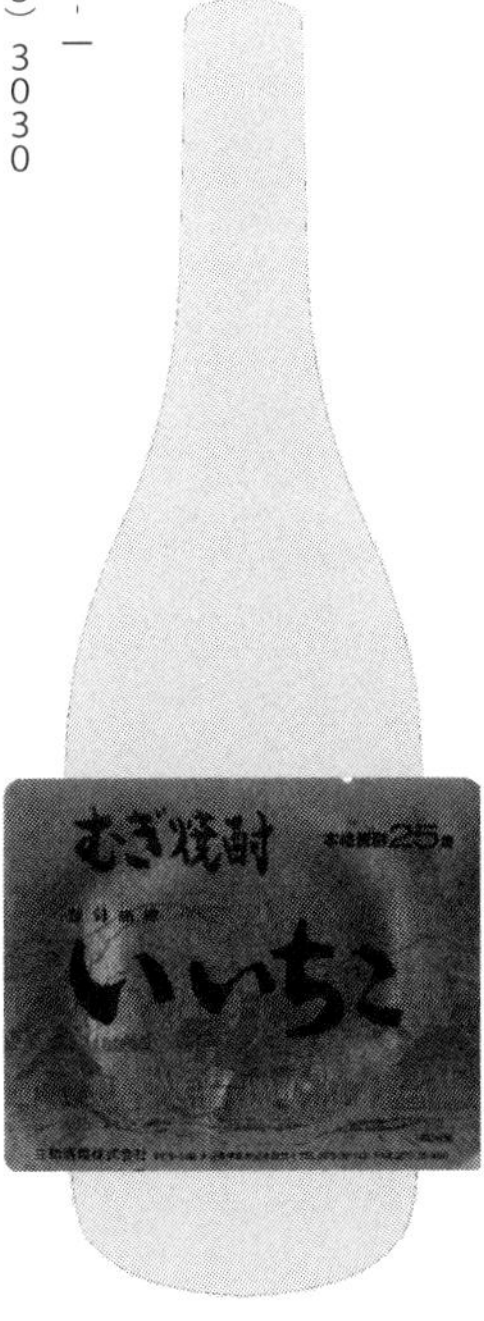

「いいちこ」の三和酒類が、赤松本家酒造㈱、熊埜御堂酒造場、和田酒造場の三社に、西酒造場も加わってスタートしたのは昭和三四年（一九五九）のことであった。十数年はさしたることなく推移したのであろうか、昭和五四年（一九八九）に「いいちこ」を発売して以来、他に類を見ないほどの発展を遂げた。

前も記したが、「いいちこ」が一キロリットルの試醸を始めたとき、清酒に君臨した「月桂冠」は七十万石（約十二万六千キロリットル）を出していた。それから約十年の後、「いいちこ」はなんと約百万石にも達したのに、「月桂冠」は三十万石余りに縮減した。その数字はそのまま当時を境としての本格焼酎と清酒の消長を現すような数字であった。

片や「月桂冠」は日本に君臨した清酒メーカーであったが、伏見の本城を縮小するに到り、片や三和酒類は大分宇佐の新興でありつつ、一九五九年の出発時四百二十万円であった資本金も、一九九三年には十億円となり、宇佐市山本に壮大な本社工場を築いたほか、九二年から二〇〇四年にかけて、大分県日田に新たな蒸留所や生産棟を開き、安心院《あじむ》の葡萄酒工房の近代化も進めた。それぞれの工場、蒸留所から新機軸の名品を絶えず生み出している。

画期的な短時日間の発展も型破りだった。「下町のナポレオン」と銘打った逸品が、爆発的に庶民層に受けたことは言うまでもないが、今では「いいちこスペシャル」といった高級品も「まろや香《か》な夜、始まる」のキャッチフレーズを謳う。長期熟成の樽の中の時間がほのかな色合いとそれにもましてはふり落ちる高雅な香りをたたえて、ストレートでよく、オン・ザ・ロックも楽しく、夜の楽しみを深くしてくれる。

「いいちこ日田全麹」もすばらしい。日田の蒸留所産で、麹だけを原料に、造る全量を大麦の麹で仕込む。良質の大麦による麹ならではの香りのよさ、快い旨みもプラスして、全国酒類コンクールでも常に第一位。

さらに孤高の楽しみを陶然と味わわせてくれるのが、「いいちこ空山独酌」と言えようか。すぐれた技を駆使して、最良の醪から蒸留した名品――さりげなくひとり飲んで、「これだこれだ」と思わずにっこりうなずかせる妙味が、この逸品を忘れがたくする。名づけて「空山独酌」とはまことにわが意を得たりである。

高千穂《たかちほ》・黒麹《くろこうじ》、零《ぜろ》

高千穂酒造㈱
〒882-1102　宮崎県西臼杵郡高千穂町押方九二五
TEL０９８２（７２）２３２３　fax０９８２（７２）３３２３

高千穂酒造は宮崎県のその名も高千穂町の押方の地に明治三五年（一九〇二）創業。すでに百三十年にも及ぶ代表的な焼酎造りの名門である。

蒸留所のある高千穂町は、国の名勝で知られる高千穂峡のある自然に恵まれ、緑豊かな山々に囲まれ、清流のせせらぎも聞こえる。が、高千穂酒造では、大切な醪造りにさらに最良の水を求めて、各地の湧き水をサンプリングした。原料の麦との相性が最高にマッチしていたのは阿蘇山麓の白川水源の名水百選にも数えられた天然の湧き水だった。でき上がった本格焼酎の割水にもこの名水を大切に使用し、爽やかな呑み口・快適なのどごしを実現している。

下中野主任技師の存在も心強い。原料の麦、酵母の扱い、醪の泡の沸き具合、どんなに細かい変化も見逃さず、分一秒と最良の理想の仕上げへと向かって行く。プロの極みともいえる技法を日々見習う専門の造り手たちも数々育っている。このような高千穂酒造の製品を同時代に生きて飲めることはしあわせである。

　代表銘柄は、昔ながらの造りにこだわる全量黒麹仕込みの「高千穂」。二次仕込みも麹だけで進める〝全麹仕込み〟のぜいたくさ。しかもでき上がった製品は無類に洗練され、味わいのよさを生かしきっている。常圧蒸留の「白ラベル」と、減圧蒸留で爽快さをさきがける「黒ラベル」とあり、全国酒類コンクールにも出品されて、たちまち首位を白・黒ともに競った。

　さらに酒類コンクール麦焼酎部門で、毎回一位、特賞にもなったのは「高千穂・零」。香りすぐれ、味わい爽やかに余韻も快い。まさにこの蔵ならではの名品である。

　二〇一七年春季の全国酒類コンクールに、高千穂酒造はリキュール部門に「高千穂・熟成梅酒」も出品して傑出した。梅の芳香生き生きと、まことにすばらしい出来ばえだった。

伊佐大泉《いさだいせん》

大山酒造(名)
〒895－2811　鹿児島県伊佐市菱刈荒田三四七六
TEL 0995（26）0055　fax 0995（26）4372

今や鹿児島県の伊佐市菱刈の大山酒造の「伊佐大山」は、芋焼酎を代表する存在である。伊佐の地は昔から本格焼酎とは有縁の場所であった。六十年あまり前に伊佐市大口の八幡神社の解体修理が行なわれたとき、柱の材木に永禄二年（一五五八）の宮大工の落書が見つかって、神社の座主が「焼酎」を振舞ってくれないのを恨む、と記されていた。

往時の大口は熊本の球磨地方を支配した相良藩の治下にあり、したがってこの落書に記された焼酎は球磨焼酎のことか、とも推測される。一方鹿児島では、種子島に天正十二年（一五四三）ポルトガル人による鉄砲の伝来があって以来、島津氏や種子島主への物産の移入も相次ぎ、元禄の末ごろ（一六九〇年代）には甘藷も琉球王から種子島主に贈られ、薩摩に普及して、やがて芋を原料とした芋焼酎が、現在の鹿児島市内と周辺、伊集院、知覧、指宿《いぶすき》、川内《せんだい》、出水《いずみ》、加治木、大隅、鹿屋等鹿児島の各地に普及して造られることになった。

できた焼酎を甕に入れて貯蔵・熟成させる、その黒い釉《うわぐすり》を塗った甕は、種子島に芋伝来以来の芋焼酎の甕と、球磨焼酎の甕と同じものだそうである。となると、貯蔵・熟成の技は芋焼酎が先か球磨焼酎が先かわからなくなる。

加治木地域管内の伊佐は、歴史的にもまさにその芋焼酎と球磨焼酎の融合点にある。また、とくに「伊佐大泉」の大山酒造のある菱刈は今も金鉱山があり、飲み手の口も肥えている。いい芋焼酎のできないわけがない。

地理的にも酒造場近く川内川が流れ、霧島連峰を望む内郷の盆地で、酛《もと》造りにも最適である。大山酒造はこの地に明治三八年（一八九五）創業。以来「伊佐大泉」の一品しか造らない。しかもこの一品が数々の芋焼酎の中でも飛び切りの名品に育った。

精選した原料芋のいい香りがほんのりと快く、味わえば身に染み入るように旨い、しかも爽快。全国酒類コンクールでも十期以上連続して第一位特賞をつづける。一般公開テイストでも参加者から「これほどすばらしい芋焼酎を造って下さるお蔵に感謝したい」との声が聞かれたほどだ。

鶴之國、出水《いずみ》に舞姫

出水酒造㈱
〒899－0208　鹿児島県出水市文化町三五八
TEL0996（79）3671　fax0996（62）4700

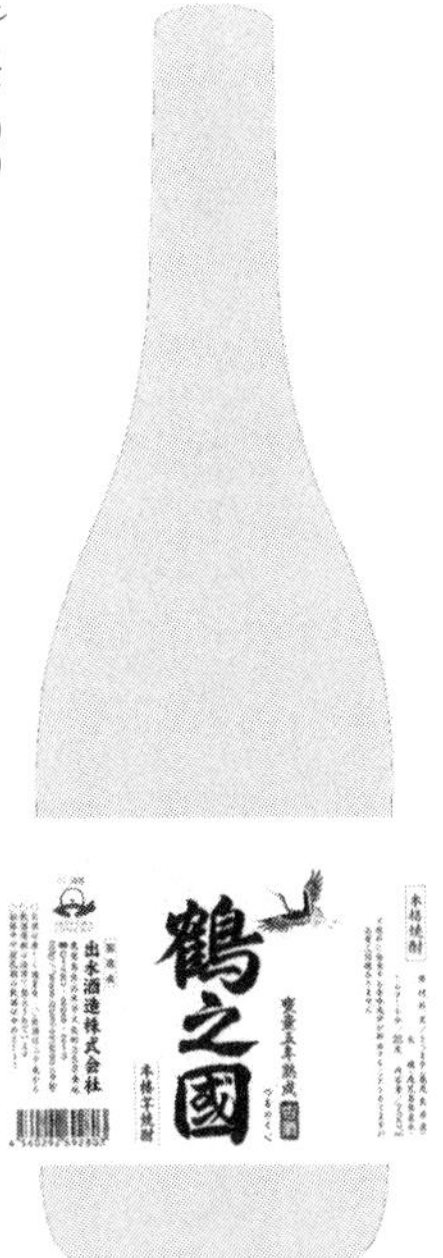

出水市は、鹿児島県出水郡の上出水村（のち出水町）などの町村が、二〇〇六年三月合併により人口五万を越える出水市となり、市制を布くまでに発展した。鹿児島市に近く、明治以来鉄道（鹿児島本線）や国道の要衝にも当たっていた上に、人と自然の調和・マッチした町なのである。何よりもここには鶴の博物館まである。鶴の保護区（休遊地）でもあるという、鶴の天国だ。

その出水市を代表する本格焼酎の酒造場が出水酒造㈱であり、しかもその主銘柄が「鶴之國」というのだから嬉しい。「出水に舞姫」や「赤鶴」も出し、皆そろって名品である。

出水酒造は時を追って発展した。一九五〇年（昭和二五）一二月には帳佐醸造㈲、世紀を越えて二〇〇六年（平成一八）出水酒造㈱となって、出水市に新工場を開いた。製品造りも、六十年以上育んできた伝統の技を大切に、安心、安全で最先端の新しい設備を整えながら、そこに昔ながらの木樽蒸留器や、信楽焼の甕壺も取り入れるという情熱の芋焼酎造りが進んだ。しかも、出水の風土はすばらしい水にも恵まれている。北薩摩の名峰紫尾山系からの伏流水を、出水酒造の自社工場の井戸からは惜しみなく汲み上げて使用することができる。まさに出水ならではの名品、ここに出水あり！

全国酒類コンクールにもその製品は出品されるや、たちまち「鶴之國」「出水の舞姫」などそろって高位に進出した。それぞれ常圧蒸留で原料の芋の風味を存分に生かしているのも嬉しい。

▽「鶴之國」　黄金千貫の最良の薩摩芋を原料に、伊佐米の麹米で仕込んで、常圧蒸留器でふくよかな味わいを生かしたのを、さらに甕壺に五年間寝かせ、まろやかに深みのある香味芳麗の名品に育てた。二〇一七年秋季全国酒類コンクール第一位特賞。

▽「出水に舞姫」　黄金千貫を原料芋に白麹と黒麹をブレンドして仕込み、常圧蒸留で風味を大切に造り上げ、さらに甕貯蔵して心地よい香りとのど越しのよい本格芋焼酎に仕上げた。すっきりした味わいの代表的芋焼酎。二〇一七年秋季全国酒類コンクール芋焼酎部門第一位。

加那《かな》、珊瑚《さんご》、凛《りん》

西平酒造㈱
〒894－0012　鹿児島県奄美市名瀬小俣町一一－二一
TEL0997（52）0171　fax0997（52）3006

アダンの花咲き、赤いソテツの実の熟れる常夏の島、亜熱帯植物の情熱豊かに繁茂する奄美の群島一帯で、文字どおりの特産として造られているのが黒糖焼酎である。

群島各処に産するサトウキビの絞り汁から作られる純黒砂糖（黒糖）と米麹を原料に、単式蒸留器で造られる。いま奄美各島に合わせて二十三場、十六社の黒糖焼酎の酒造場があるが、中でも五百年前シャム（タイ）からもたらされた伝承の技法に、幾多の改良を加えて、「加那」「珊瑚」等の名品を生み出しているのが、奄美本島の名瀬の西平酒造である。

西平酒造は、西平家の祖が明治八年（一八七五）新政府による泡盛の酒造免許を、沖縄の首里で取得。その後、昭和二年（一九二七）に現社長の祖父西平守俊が奄美の喜界島に移って、そこでは夫人が女性杜氏として泡盛を造っていた。しかし、戦争となって、近くに特攻隊の基地があったため、空襲を受けて終戦の翌年奄美本島に移る。黒糖焼酎の勃興とともに、旧来の技法に洗練された近代技法もとり入れ、この上ない黒糖焼酎の名品「加那」「珊瑚」、そして最近また「凛」の樫樽貯蔵十年の逸品を生み出すに到った。

また西平酒造では、本社に隣接する大島紬の工場跡を活用して、「加那」の樫樽貯蔵庫とともに、音楽ホール（定員七十名）を設置し、地域の文化のためにも貢献している。西平功社長自らも杜氏も蔵人たちもみな音楽家ぞろいであるのも愉しい。

▽「加那」　加那は奄美の古語で愛しい人の意。常圧蒸留で黒糖ならではの風味を生かし、コクがあってキレ味よくすぐれる。全国酒類コンクールの黒糖焼酎部門二〇一七年春季第一位。八年貯蔵酒をブレンドした「加那エグゼ」もある。

▽「珊瑚」　常圧蒸留の三段仕込みにより、黒糖の香味をすっきりとしたキレ味にした。飲みやすく、歯切れもいい。全国酒類コンクール高位入賞。

▽「凛」　甕仕込（三段）の常圧蒸留により黒糖の風味をたくわえた名品を、さらに十年間樫樽貯蔵することによって、ふくいくたる樽香の余韻快い名品に仕上げた。

キャプテンキッド、喜界島しまっちゅ伝蔵

喜界島酒造㈱
〒891―6201　鹿児島県大島郡喜界町赤連二九六六‐一二
TEL0997（65）0251　fax0997（65）0947

喜界島は太陽とエメラルドの海と珊瑚の島である。かつては日本一の長寿の人・泉重千代さんを生んだことでも知られた。今や黒糖焼酎の名品「キャプテン・キッド」を生む喜界島酒造㈱が、江湖に名を知らしめている。

喜界島酒造の創業は大正五年（一九一六）。昭和四八年（一九七三）から現在の社名となった。酒造場は海岸沿いの赤連《あかずれ》にあり、創業以来自然に逆らわず、天然自然を生かす焼酎造りをつづけている。

とりわけ水のいいのも特長。隆起珊瑚の地下水は、カルシウムやミネラルを含んで、醪造りに絶好で、微妙な美味を醸し出す。そして砂糖きび原料の黒糖のコク味も引き出してくれる。その醪を常圧蒸留によって、折角の風味をのがさぬよう丹念に滴りを溜めて四三度の原酒とす

る。その黒糖焼酎原酒を、一滴の加水もせず、七年も樫樽貯蔵した限定の名品が「キャプテン・キッド」である。全国酒類コンクールの黒糖焼酎部門で二〇一二年秋季以来連続して第一位特賞をつづけ、黒糖焼酎そのものの声価を高めた。

代表的な銘柄に次の製品がある。

▽「喜界島しまっちゅ伝蔵」　原料の黒糖六三％で仕込み、常圧蒸留で黒糖の快い香りと美味を大切に仕上げる。アルコール度三〇％。

▽「キャプテンキッド」　アルコール度四三％の限定品。命名は近くの宝島に出没した海賊船の船長の名に由来したという。四三％に精製した原酒をさらに樫樽に七年間の長期寝かせて熟成させた。色合もほんのり褐色を帯び、樽の木香も快く、黒糖ならではの風味にラム酒のような生気が加わってすばらしい。ゆかしい香味も抜群の傑作である。アイレー島のウイスキーにも勝る。

宮の華、うでぃさんの酒

㈱宮の華
〒906―0504 沖縄県宮古島市伊良部字仲地一五八‐一
TEL 0980（78）3008 fax 0980（78）3359

宮の華の「うでぃさんの酒」はまことに愛したくなる泡盛である。第一、「うでぃさんの酒」とはウチナァ口（沖縄言葉）で「私の可愛いひと」という意味なのである。この名前からして愛さずにいられれようか。次に、その酒造場の蔵元さんが若い沖縄女性である。だから飲まずにいられないんだな、と想像もされるであろうが、実は「つくるのは私の母なんです」と蔵元・下地さおりさんはおっしゃる。ご母堂は下地洋子さん、この方がお造りになるのである。

しかもこの「うでぃさんの酒」は、全国酒類コンクールの泡盛部門に二〇一一年秋季初出品で、いきなり第一位の栄冠を獲得した。その後も出品される度に第一位である。いよいよ以て飲まずにいられれようか！

宮の華酒造場のある伊良部島は、宮古島からさらにフェリーに乗って十五分。周囲二十六・六キロ、面積は二十九平方キロの離島である。宮の華の蔵は南島の海辺に近い。一九四八年戦後第一期の創業で、以来七十年、屋根に瓦のない伝統の酒造場で営々と泡盛造りを営んできた。下地洋子さんは七十代半ばになったが、年ごとに元気で、毎月何度か米を蒸すことから始めて、丹念にすぐれた醪の味わいを生かし、常圧蒸留で、一滴一滴大切に集めて造り上げる。

原料米にもこだわっている。無肥料、無堆肥、無農薬の、しかも国産米しか使わない。泡盛は通常タイ米を使う。なのに国産米にこだわるこの「うでぃさんの酒」、まことにすばらしいのである。

暖流、守禮《しゅれい》

㈲神村酒造
〒904－1114　沖縄県うるま市石川嘉手苅五七〇
TEL 098（964）7628　fax 098（964）7627

もともと沖縄の泡盛は、琉球王朝時代、王家の指定した酒造所だけが造ることを許された、貴重な「酒《サキ》」であった。

その手法を伝承して、神村酒造は明治一五年（一八八二）神村盛真が那覇市の繁多川の地で創業。まだラベルのないその時代には「神村の酒」として親しまれ、その後「神村・守禮・スリースター」の銘柄で、戦後も復活して沖縄の人びとの心を癒して親しまれた。さらに昭和三三年（一九五八）には、オーク樽貯蔵の研究を開始。昭和四三年（一九六八）にこのオーク樽で熟成した古酒「暖流」を発表して、泡盛に新しい境地を開いた。

そして平成一一年（一九九九）、さらに良い製造環境を求めて、沖縄本島中部の緑豊かな石川高原に酒造所を移した。蔵元神村盛行さんは、受け継いだ技と造る心を育みながら、飲む人びとに夢とやすらぎを与えるような、旨い泡盛造りを目指して日々精進を怠らない。その結果は全国酒類コンクールでのすばらしい成果につながる。

二〇一五年春季の全国酒類コンクールで、「芳醇浪漫・守禮35度」が泡盛部門の第一位となり、同じく「暖流古酒40度」も第三位に入賞した。「芳醇浪漫」と銘打つのは、神村酒造では〝芳醇浪漫〟を目指したことで、通常の泡盛酵母に比べて、古酒《クース》独特の芳醇な香りの二大成分であるマツタケオイルとバニリンを増やし、芳香と旨さの深まりを引き出すことに成功したからだという。

その成果はさらに進んで、二〇一七年春季の全国酒類コンクールでも、神村酒造の「芳醇浪漫・守禮35度」と「暖流35度」はそろって第一位に輝いた。蒸留後一切水を加えない、濃醇比類ない味わいの「芳醇浪漫・守禮原酒51度」の名品のあることも特筆しておこう。

琉球ゴールド、HYPER YEAST、コーヒースピリッツ

新里酒造（株）
〒904－2161　沖縄県沖縄市古謝三－二二－八
TEL 098（939）5050　fax 098（939）6549

いまうるま市にある新里酒造は、弘化三年（一八四六）に首里に創業した。泡盛最古の酒蔵である。そのころ泡盛を飲むことができたのは王族、貴族と中国からの使節だけで、琉球王家では王宮のある首里の酒造職人三十人を指名して泡盛を造らせた。その選に入ったのが初代・新里蒲《かば》であった。それから七年後の嘉永六年ペリーに率いられた黒船が那覇沖に来航して琉球王国に開港を求めたとき、王家が接待に用いたのも新里の泡盛だったといわれる。

明治以後泡盛は一般にも飲まれるようになり、大正期の二代目時代には、那覇市内の若狭に工場を移して大きく栄えたが、太平洋戦争下の不幸な沖縄戦によって、一九四五年六月すべての貯蔵した古酒とともに工場も壊滅した。

戦後の昭和二八年（一九五三）四代目のころ那覇で泡盛造りを再開、現蔵元の父・五代目新里肇三が「かりゆし」（沖縄語で「めでたい」の意）の銘柄を出して再興を遂げ、沖縄市からの誘致を受けて、いまの古謝へ工場を移した。鑑定官を勤めた新里修一（現蔵元の兄）が六代目蔵元となるに及び、醪発酵時の泡を少なくする泡盛101酵母を開発したことで、業務も発展し、この新酵母は広く他のメーカーでも使われることになった。

さらに現新里建二蔵元に到って、泡盛をベースとしたリキュールの新製品の開発にも成功。沖縄ならではの青い空と海をイメージしたパッションフルーツでは、香りゆたかに果実の甘味や酸味を生かし、さらにコーヒースピリッツで、美味しい最上のコーヒーの香りと味わいを利かせた逸品を実現して、女性のファンも喜ばせるなど、人気抜群である。

そして本来の泡盛では、主力の「琉球ゴールド」が秀逸。伝統の古酒ならではのコクがあって、すぐれた香味も満点の評価をコンクールで獲得、往年の王者の風格を十二分に発揮している。

▽「琉球ゴールド」　首里の崎山、赤田、鳥堀に住んだ三十人の泡盛造りの名職人の一人を祖に持つ、百六十余年の伝統の技と魂をこめて、泡盛101酵母を発見・開発した六代目当主が名技を駆使した。熟成古酒《クース》の粋ともいうべき名品。ふくよかですっきりした香りと旨味最高で、飲むほどにロマンさえも湧いてくる。二〇一七年の春季コンクールに出品されて、たちまち泡盛部門の特賞第一位となり、沖縄各紙も大々的にこの結果を報じた。

▽「HYPER　YEAST（ハイパー・イースト）」　泡盛新酵母101Hで仕込んだ華やかな目のさめるような香りと味わいの新製品。泡盛の通常にある特有の臭みにサヨナラして、華やいだ飲みやすさが、女性や若者にも人気である。

▽「コーヒースピリッツ」　果実の香味爽やかなパッションフルーツの旨さもさることながら、リキュールの新世界をさらに斬新に開いた名品が、このコーヒースピリッツである。コーヒー愛好者でなくても、思わず素敵と言いたくなる最高のコーヒー香。味わうとコーヒーの妙味をさらに軽快なスピリッツならではの爽やかさに昇華してくれる。地球の生んだ、至上の名リキュール。

玉友《たまとも》・甕仕込、マンゴー梅酒

㈱石川酒造場
〒903－0103　沖縄県中頭郡西原町字小那覇一四三八－一
TEL０９８（９４５）３５１５　fax０９８（９４５）３９９７

前の戦争で、全沖縄が不幸な最後の戦場となったとき、それまで古い甕で貯蔵（百年を越える王家蔵の貴重な泡盛もあったのだ）されていた、すべての泡盛も戦火で失われてしまった。その泡盛をえいいえいと造りつづけてきた、すべての酒造場も壊・焼滅してしまった。そして、戦後、〝にくぶく〟と呼ばれた麹をひろげるむしろのようなものの焼け跡の一片から、麹菌が辛うじて再生されて、再び泡盛造りが復活するに到った経緯は、この前『ほんものの名酒・名品』（三一書房、二〇〇七年）の泡盛欄でご紹介した。

沖縄独特の泡盛はそこから再生したのである。西原《にしばる》の小那覇《おなは》の石川酒造場も一九四九年の創業である。先般まで蔵元で沖縄のすべての泡盛蔵の連合会長も務めた石川信夫氏は東京農大醸造学科卒、私に大切なことを教えた。それはまず、泡盛は本土（日本のことである）の焼酎とはちがうということである。蒸留するもとの醪を造る菌がちがうし、原料米も原則としてタイ米を使い、熟成貯蔵の甕もちがう。そして、その石川酒造の甕仕込の五年古酒は全国酒類コンクールにも出品されてたちまち泡盛部門で傑出し、第一位特別賞を連続して受けた。この甕仕込の復活・創始こそ石川酒造場の偉業である。

石川酒造の「甕仕込」はタイ産のインディカ米を原料米に、石川種麹を使って酵母は泡盛101号で仕込む。そして泡盛界唯一と自負する甕仕込の古酒は五年かかって丁寧に造られる。深いコクとまろやかな飲み口、味わいがすばらしい。ストレートでよし、水割りでよし、ロックでなお旨い。

ほんのり甘く味わいすっきりした初心者向きの「島風」や、沖縄らしい「うりずん」の銘の泡盛も出している。「うりずん」とは旧暦の二、三月ごろの初々しくみずみずしい季節をいう沖縄語《うちなあぐち》で、その名のとおりこの泡盛の「うりずん」もみずみずしく爽やかな飲み口が特色。

リキュールにも先覚的逸品がある。「マンゴー梅酒」だ。もともと石川酒造には「美《ちゅ》ら梅」という泡盛梅酒がある。泡盛に、これも石川酒造が元祖の醪酢を加え、香り高い南高梅と味わい深い鶯宿梅で仕上げた芳醇な梅酒である。その泡盛梅酒をベースに、マンゴーの文字どおりフルーティな味わいと、バニラの香りをマッチさせて仕上げた。まことに快い濃醇のマンゴー風味の梅酒！　全国酒類コンクールのリキュール部門でたちまち第一位特別賞となった。

珊瑚礁《さんごしょう》

㈲山川酒造
〒905－0222　沖縄県国頭郡本部町並里五八
TEL０９８０（４７）２１３６　fax０９８０（４７）６６２２

沖縄県国頭郡《くにがみ》の本部町《もとふ》は、日本一早い桜の花見祭でも知られたところ。八重岳の静かなたたずまいと豊かな自然に恵まれる。その山から湧き出る豊富な清水で仕込む泡盛が、山川酒造の「珊瑚礁」や「さくらいちばん」である。

山川酒造は、戦後の沖縄復興が始まると同時の一九四六年（昭和二一）、本部町の字並里で山川酒造所として創業。初代蔵元は山川宗道さん。昭和二五年に二代目の山川宗秀さんがあとを継ぎ、昭和五三年に㈲山川酒造として法人に組織変更し、一九九四年（平成六）現在の三代目山川宗克さんが代表取締役に就任した。

山川酒造がとくにこだわっているのは古酒《クース》である。泡盛は長期熟成することによって、華やかな香りを発し、芳醇なコクのある泡盛ならではの古酒となる。山川酒造は、いまでは『古酒の山川』と呼ばれるほど、並びないクースの名品を生み出している。昔、戦争で失われるまでは、沖縄の旧王家にも、古い酒家《サカヤー》にも百年もの古酒が宝物のようにあった。今、山川酒造にはすでに二十年、三十年、五十年の古酒が熟成されて、百年の夢を見ながら静かに眠りつづけている。

▽「珊瑚礁・十年四三度古酒」　沖縄に数ある泡盛の古酒の中でも「古酒のやまかわ」ならではと称えられ、求められているのが「珊瑚礁十年古酒」である。心持甘みを帯びて華やかなカカオのような熟成香も快い。味わいはまろみを帯びてふくらみがあり、飲んでコク味がプラスする。生で絶好、じっくり味わいつづけたい名品。

▽「さくらいちばん・五年貯蔵古酒」　文字どおり桜花一番開花の名所本部ならではの泡盛である。古酒にこだわる山川酒造では原酒もろみも米麹一〇〇%で仕込んだのを、風味を生かす単式蒸留器での常圧で造り、それをタンク貯蔵して五年寝かした。名品である。らんまんたる新桜の花の香もかがようかと思われる。二〇一七年秋季全国酒類コンクール泡盛部門第一位。

松藤《まつふじ》

崎山酒造廠
〒904-1202 沖縄県国頭郡金武町伊芸七五一
TEL098（968）2417 fax098（968）2463

泡盛の真打には、崎山酒造廠の「松藤」にご登場頂かねばなるまい。なにしろ「松藤」の三年限定古酒と「PREMIUM BREND」はほとんどここ十数年来全国酒類コンクールの泡盛部門でも第一位か、さらにその上を行く特賞に輝いているのである。

崎山酒造廠は、沖縄のほぼ真ん中に位置する国頭《くにがみ》郡の金武《きむ》町にある。明治三五年（一九〇五）の創業。二代目の蔵元であった崎山起松さんと藤子さんが実に仲睦まじかったので、この夫妻の名前から一字ずつとって、「松藤」の酒銘が生まれたという。

現在の崎山和章蔵元は四代目で、東京農大の醸造学科で研鑽を積んだ。酒造廠の立地もすばらしくよい。恩名《おんな》岳が近くにあって、その山間からの清らかな伏流水に恵まれる。沖縄随一ともいわれる軟水なのである。そして、学識、実技の練達兼ね具えた崎山蔵元のもと家族も蔵人も力を合わせ、丁寧に手間と時日をかけた泡盛造りにいそしんでいる。人の和も「松藤」の銘のように実現して、その成果が「三日麹」という崎山酒造ならではの成果を生み出した。「三日麹」は、麹をじっくり長く寝かせて、アミノ酸度を高め、旨み成分を育てて、深みのあるコク味を生み出してくれるのである。

この麹によって造られる「松藤」は、さらに歳月をかけて「三年古酒」や、甕によって風味の微妙にちがうのを、長所をうまくマッチさせたプレミアム・ブレンドが生み出される。沖縄県の泡盛鑑評会で「松藤」県知事賞や、国税事務所長賞を受けること数え切れないほど。国際的なワイン&スピリッツのコンペティションでも受賞して表彰された。

そして、初めに記したとおり、とくに「松藤三年限定古酒・四三度」やプレミアム・ブレンドは全国酒類コンクールの泡盛部門で、二〇〇四年ごろから頭角を現わし、二〇〇八年秋季以来は一位、特賞ならざるはなし、二〇一七年秋季にお「松藤三年限定古酒」「PREMIUM BLEND」そろって第一位特賞に輝いた。

どんなにすばらしいかは、ぜひお飲みになって確かめて頂きたい。それぞれのデータを左記に記しておこう。

▽「松藤三年限定古酒」　蒸留は常圧方式による。アルコール度四三%。三日麹による旨さと、古酒ならではの深みと旨さが絶妙に融け合い、しかもどこかに素朴なよさがにじむよう。

▽「松藤ＰＲＥＭＩＵＭ　ＢＲＥＮＤ」常圧による。アルコール度三〇％。古酒のよさを典雅に湛え、品よく親しめる香味を実現している。

第三章　地ビール散策

地ビール造りが解禁となって久しいが、こつこつと品質で栄えているところもあれば、輸出にまで進出して本業だった日本酒をしのぐ勢いのところ、すぐれた技術とアイデアの冴えで十数種ものバラエティを花咲かせているところ、避暑地が昔のようにすましていなくて、その通りのどこかで「アッ可愛い」と若い女性たちの目を引く、ソフトクリームのような名前の地ビールもある。色とりどりであるが、沈んだきり消えた例も少なくない。勝負はすでについた感もある。何が勝敗を分けたかはともかく、ここに、晴れやかによき地ビールをお造りの醸造所を、北から散策的に記して、愛好家の方々と乾杯したい。

昔、ビールの勉強をしたとき、工場にもずいぶん通ったが、アルコール度24度というすごいのを試飲したこともあったし、泡が大切だということも学んだ。いいビールは泡が細やかに、クリーミーにいつまでも消えず残る。そのことを念頭におこう。

登別地ビール・鬼伝説

㈱わかさいも本舗
〒059－0463　北海道登別市中登別町九六
TEL 0143（80）2111

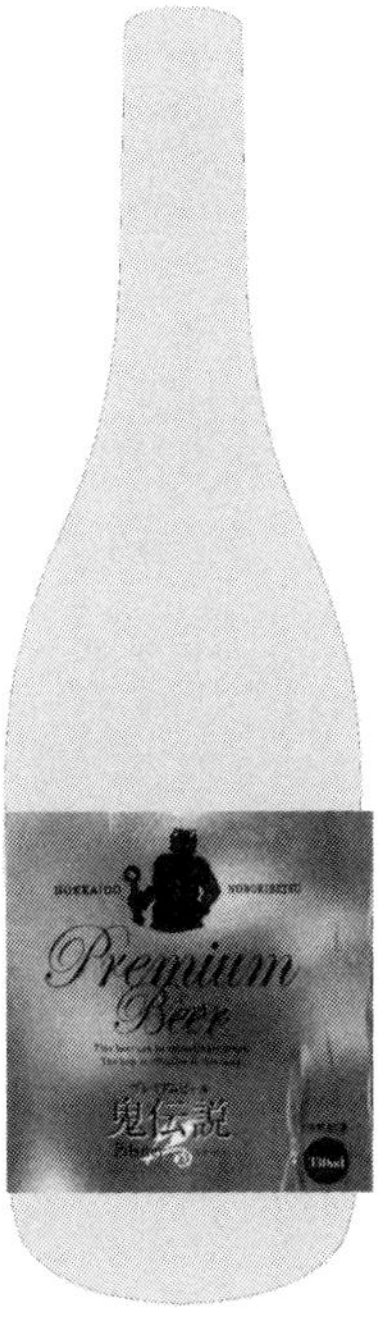

今は新幹線も走る、函館から室蘭、札幌を結ぶ室蘭本線の登別駅の北口に出る。そこから登別の温泉へ向かう道の途中右手に、めざす「わかさいも本舗」のお菓子屋さんがあった。いもを原料の菓子の並ぶショーケースの向こうのガラス越しに地ビールの罐《かま》がピカピカ光って見える。そこに忙しそうに発酵具合を見て回るビール醸造担当の柴田泰彦さんの姿。二階は赤鬼レッドエール・青鬼ピルスナーと名づけられたビールを出すレストランになっている。

柴田さんはこの菓子屋で修行中、突然ビールを造れとオーナーに言われて、やはりお菓子屋でいい地ビールを出していた、伊勢市の二軒茶屋餅角屋本店を選んで勉強に行った。この選択は大成功だった。四百年以上もの老舗で、餅菓子はもとより、味噌・醤油の醸造も百年、その基礎のもとに社主・鈴木成宗さんが伊勢志摩地方で一番早くに地ビール造りを（一九九七年）

に始めて、すでに海外のビールコンテストで金賞に輝いていたからである。

柴田さんも菓子造りできたえた味覚に加え、このよき先達に地ビール造りの機微を学んで登別に帰る。そして造り出した「赤鬼レッドエール」「青鬼ピルスナー」という上面発酵と下面発酵の二種のビールが、二〇〇三年春季と二〇〇四年春季の全国酒類コンクール・ビール部門で、たちまち第一位となり、好評を博した。今ではスタウトも出している。登別温泉への行き帰り、この店には旨いお饅頭も数々ある。甘党の方々、そしてビール党の皆さん、ぜひお立ち寄り下さい。

湖畔の杜ビール

㈱トースト
〒014－1204　秋田県仙北市田沢湖田沢字春山三七－五
TEL 0187（58）0608　fax 0187（58）0609

田沢湖畔の、山間の緑を静かな湖面に映す一番美しい一角に、ORAEという湖畔の杜《もり》ビー

ルの工房と素敵なレストランがある。社長の門脇寛之さんは麹屋の出身の由。その理解のもと、常務の関口久美子さんは、山梨県清里の萌木の村㈱の八ヶ岳ブルワリーで醸造を担当していた山田一己技師のもとで、みっちり修業を積んできた。

山田技師はビール職人の神様と呼ばれた人だが、日本の大ビール会社の出身だから、通常のピルスナー・タイプの下面発酵のビール造りに精通して、イギリスのパブで出すようなスタウト、エールなどのような上面発酵のやり方は教えない。

それで関口さんは、山田技師の優等生として、湖畔の杜ビールの製造責任者となってからも、下面発酵のビールをきっちりと手がけることに努めた。しかし、生来の秋田美人である上に、絶世の才女であるこの人は、下面発酵ながらすごいアイデアビールを生み出した。

その第一は「HOT&COOL」。このビールは冷でよく、温めて飲んでも旨いということを日本人に教えてくれる。ザルツブルグのビアガーデンなどに行くと、お燗をして温めたビールを老若男女が楽しんでいるが、ヨーロッパへ行ってないという関口さんがどうしてホット&クールを思いついたのか——まさに天才である。

「天涯」と「天空」。味わい「天涯」のビールは麦芽もホップもドイツ、チェコ、アメリカ産を選りすぐって原料に使い、旨み、コク味すぐれて余韻、有情天涯まで届く。「天空」のほうはオールドモルトでありながら、天空を突きぬけるような爽やかさ。いずれも全国酒類コンクールで抜群の一位、特賞も獲得している。

常陸野《ひたちの》ネストビール

木内酒造合資会社
〒311－0133　茨城県那珂市鴻巣一二五七
TEL 029（270）7955　fax 029（295）4580

日本の地ビールで、木内酒造の「常陸野ネストビール」を看過することはできない。営々と造りをつづけるどころか、輸出まで盛んに行うほどの大発展を遂げたのは、このネストビールだけである。

木内酒造は「月下香」という純米大吟醸古酒も出す「菊盛」の酒蔵である。その蔵元が地ビールにも進出しようとしたとき、蔵元次男の木内敏之常務がまことに賢明だった。ビールといえばドイツという古臭い固定観念にとらわれず、アメリカこそ地ビールの本場だと明察してさっさと出かけたのだ。

そして、ビア・コンベンションもあったシアトルの会場で、精鋭の地ビール造りの機器から、原料麦芽モルト・パッケージ、ついでに宣伝販売方法まで、一切を手に入れて帰ると、たちまちネストビールを造り出し、コンペティションでも金賞。すぐさま輸出にも進出し、あっという間に日本の地ビール界の王者となってしまった。

このシアトルのビア・コンベンションには、私も木内常務と参加して、すべて展示の会場も見て回って、一部始終を知っているが、そのほかに日本の地ビール業者は来ていなかったように思う。たしか一九九六年ごろのことである。

木内酒造の成功はまさにこの先見の明があったればこそであろう。いまや製品も色とりどり、すべてすぐれる。

宇奈月ビール

宇奈月ビール㈱
〒938－0861 富山県黒部市宇奈月町下立六八七
TEL 0765（65）2277 fax 0765（65）2255

地ビール界で、コンスタントに、上面発酵のビールも下面発酵のビールも造り、しかも名品ぞろいであることで、富山県宇奈月の宇奈月ビールは随一であろう。

何よりここはまず水がよい。ビールの製造場と、見学客のための大レストランもある会社自体が、黒部川上流の宇奈月町にあり、「黒部の名水」として名水百選でもトップクラスの伏流水が、ふんだんに使えるのである。日本酒にも水が大切だが、ビールにはさらに上質の水が大量に必要。世界的にも宇奈月ビールほどに良水に恵まれた製造場はあるまい。

しかも製造担当の森下雅仁さんは、地元富山の出身で、ドイツのババリア、ケルン、アルトあらゆる技法を学んで、日本の地ビール界では、最高の水準の名品を生み出している。

その中で、全国酒類コンクールのビール部門で、抜群の第一位や特別賞を受けている名品三つをご紹介しておこう。

・「宇奈月ビール・カモシカ」　ドイツのアインベック発祥の、ババリア地方独特のボック・タイプの黒色ビールである。とくに宇奈月産の大麦を原料に加えている。生き生きした酵母の味わいのふくらみと、快いのどごしのよさとコク味がすばらしい。アルコール度六%。

・「宇奈月ビール・トロッコ」　これはアルトのタイプ。宇奈月産の大麦も一〇%加えて、上面発酵酵母で仕込む。カラメル麦芽をふんだんに使って、独特の風味が快く爽やかだ。アルコール度五%。

・「宇奈月ビール・十字峡」　ケルシュのタイプ。すべて地元産の麦を使って仕込む地ビールだが、本場のケルンを偲ばせる上面発酵仕込み。すっきりしたのどごし、ホップの香味をさりげなく利かせている。以上三品とも缶入りあり。

独歩ビール

宮下酒造㈱
〒703－8258 岡山県岡山市中区西川原一八四
TEL 086（272）5594 fax 086（273）9243

すでに日本酒・本格焼酎の項でご紹介した、「極聖」や「黒備前」の宮下酒造は、「独歩ビール」の地ビールでも知られる。

岡山の日本三大庭園の後楽園にも酒造場が近く、「雄町」の冷泉もそばにあるという宮下酒造は、地ビールへの取り組みも早かった。

地ビール造りが解禁となった一九九〇年代、ビール製造数量が二〇〇〇kℓから六〇kℓに規制緩和されたのを受けて、宮下酒造は一九九五年七月から中国地方では初となる「独歩」ビールの製造を開始した。その命名も、日本のマイクロブルワリーとして、独立独歩の特色のあるビールを醸造しようという意気込みで「独歩ビール」と名付けられたのだ。全国酒類コンクールでも「独歩ビール」のデュンケルのタイプなど出品されるごとに一位。審査員がさらに優秀と認める特別賞も獲得している。コクがあって爽やかに、大手市販ビールにない味わいを実現している。

「独歩ビール」という命名もよかった。とくに昨今方向性を見失ったかのような風潮を見るにつけ、独りわが道を往く「独歩」の気迫が懐かしく、とり寄せてでもこのビールを飲みたくなる。

「独歩ビール」は一品かと思ったら、宮下附一竜社長令息の宮下晃一専務に訊ねると、

「今では十数種類もあります」

との答えでびっくりした。たとえば岡山名産のマスカット風味の「独歩ビール」もある。宮下専務は醸造・発酵等のメッカ広島大学発酵学科を最優秀で卒えた。この人ならではである。

ここでは、全国酒類コンクールで早くに第一位を連続して得た名品三つをご紹介しておこう。
・「独歩ピルスナー」すっきりとしたピルスナータイプで、泡も見事にクリーミー。モルト一〇〇%の旨さ満点である。
・「独歩・雄町米ラガー」このビールは、宮下酒造のすぐれた酒造りの技能がなければできないビールである。副原料に岡山特産の雄町米を加えて、ふくよかな吟醸というべき香味を実現している。
・「独歩サクラ旅情ビール」春の桜の花弁をエキスにしたような淡いピンクの風味が余情をそそる。

稲垣真美（いながき・まさみ）

作家・評論家。1926年京都生まれ。

1955年東京大学大学院美学専攻課程修了。

1965年「苦を紡ぐ女」で井上靖に認められ作家となる。

1974年ごろから日本酒、本格焼酎、泡盛の蔵を回り、1977年にまとめた『ほんものの日本酒選び』（三一新書）が大ベストセラーとなる。以後、地酒や本格焼酎の啓蒙・普及に尽くす。

1989年、「全国酒類コンクール」を立ち上げ、以降、毎年2度（春季・秋季）コンクールを開催。本業の文学にも精進中。

日本の誇る酒 日本酒・本格焼酎・泡盛・地ビール・リキュール

2018年4月13日　第1版第1刷発行

著　者── 稲垣　真美 © 2018年
発行者── 小番　伊佐夫
装丁組版─ Salt Peanuts
印刷製本─ 中央精版印刷
発行所── 株式会社 三一書房
〒101-0051
東京都千代田区神田神保町3－1－6
☎03-6268-9714
振替00190-3-708251
Mail: info@31shobo.com
URL: http://31shobo.com/

ISBN978-4-380-18005-7　C0077　Printed in Japan
乱丁・落丁本はおとりかえいたします。
購入書店名を明記の上、三一書房まで。